New Wun Ching Developmental Publishing Co., Ltd.

New Age · New Choice · The Best Selected Educational Publications — NEW WCDP

餐旅服務

Hospitality Service

駱俊賢・謝宜芳 編著

國家圖書館出版品預行編目資料

餐旅服務/駱俊賢, 謝宜芳編著. -- 初版. -- 新北市：
新文京開發出版股份有限公司, 2021.07
　　面；　公分

ISBN 978-986-430-740-1（平裝）

1. 餐旅管理

483.8　　　　　　　　　　　　　　　110009880

餐旅服務　　　　　　　　　　　　　　　（書號：**HT49**）

編 著 者	駱俊賢　謝宜芳
出 版 者	新文京開發出版股份有限公司
地　　址	新北市中和區中山路二段 362 號 9 樓
電　　話	(02) 2244-8188（代表號）
Ｆ Ａ Ｘ	(02) 2244-8189
郵　　撥	1958730-2
初　　版	西元 2021 年 07 月 01 日

　　餐旅事業是一種提供服務為主的產業，也是一種感官享受的事業。該產業不但可以加速文化交流、增進國民外交，並可加速經濟繁榮與就業機會，對於國家社會具有一定的貢獻。然該產業需要投入大量的服務人力與專業素質，而良好的人力素質需要專業的教育與訓練才能滿足顧客所需之需求。因此，唯有教授專業的教育與訓練，才能培養出具有專門的知識與技能的優秀人才。

　　本書是針對大學餐旅科系未來想要成為傑出的餐旅管理人才的學生，將餐旅服務做務實深入的介紹，並輔以簡明圖表與操作步驟實例說明，期以協助讀者瞭解餐旅服務之理論與實務，並能熟練餐旅服務之專業技能，進而培養正確的餐旅服務人生觀。

　　本書分為兩大部分共十一個章節，其中包含餐旅產業屬性與服務特質、經營成本與財務管理、餐飲服務工作職責、餐飲服務設備介紹、餐飲服務禮儀與用餐禮儀、服務作業與流程介紹，以及認識葡萄酒與服務流程等詳述說明外，另外包含旅館業的組織經營與管理、旅館客務及房務的服務作業之說明，期目的在建立正確的餐旅服務理念與操作流程及方法，並在各領域的個別操作流程及服務要點加以詳實的說明。本書內容精簡紮實，並配合精美圖片輔以說明，使讀者更能清楚瞭解，確實掌握學習重點。

　　本書將餐旅服務的範疇與特性逐一加以深入探討及闡述，其目的在培養讀者正確的餐旅服務理念，增進實務操作能力，以奠定未來從事餐旅學術研究或職場工作成功之基石。

駱俊賢、謝宜芳　謹識

目錄 CONTENTS

PART 01 餐飲產業篇

PART 01

餐飲產業篇

Chapter 01

餐旅產業屬性
與服務特質

🔔 1-1　餐旅產業的屬性

　　餐旅產業屬於服務產業的一部分，所提供的產品與其他產業有許多不同之處。以下將餐旅產業的屬性作下列分述：

一、生產與消費同步出現與進行

　　餐旅產業大部分時候無法事先預料客人需求，與製造業及一般的零售業銷售方式有所不同，因此，餐旅產業較不容易預估銷售數量及控制生產成本。

二、無法事先預知消費意圖

　　餐旅從業人員無法事先預測顧客的消費行為，所以從業人員必須要具有觀察及洞悉顧客的消費意圖，才能提供正確的服務，減少抱怨的產生，並塑造良好的企業形象與口碑。

三、提供客製化的服務需求

　　餐旅從業人員與顧客接觸的機會較高，因此在不同時間與場合所提供給顧客的服務也不盡相同。且每個顧客的需求與期待的服務也會因個人特質而有所不同，因此，除了達到服務標準化與一致性外，更需提供客製化的服務需求以滿足顧客。

四、勞力密集、全年無休

　　餐旅產業主要以提供服務為主要項目，而服務無法由機器來取代，因此第一線服務工作人員需求量很高，且為滿足不同顧客的需求，營業時間較長且部分業者全年無休，員工必須接受輪班與輪休的安排，一旦人手出現不足現象，服務水準立刻就會降低。

五、產品包羅萬象難以標準化

　　餐旅業所提供的產品很難有一套準確的衡量標準，亦無法大量而標準化的生產。且為了滿足不同層次的客源，業者不斷地提供多樣化的服務以滿足顧客的需

求與期望。例如：外賣、外燴、外送等服務，充分延伸餐旅服務的範圍與內容。而服務人員的表現亦會影響顧客對服務品質的認定，因此無法將產品制定標準化大量生產，唯有靠持續的員工教育訓練才能確保服務品質的一致性與持續性。

 ## 1-2　我國餐旅產業的發展

一、近代餐旅業之發展

清末民初，當時導遊人員稱之為「露天通事」。當時的旅行業僅有 2 家，分別是英國的「通濟隆」與美國的「運通公司」。

民國 16 年，中國旅行社在上海成立，為我國第一家民營旅行社。臺灣光復後接收「東亞交通公社臺灣之社」並改組為「臺灣旅行社」，由當時的鐵路局接管，直到民國 36 年改制於省政府交通處，為我國第一家國營旅行社。不過當時旅遊風氣未開，外出旅行大部分都寄宿於寺廟、民宅中，與今日餐旅業溫馨、舒適地接待服務無法相比。中國近代餐旅業之發展相較於清代的「鎖國觀光」算是稍有進展，可稱為我國餐旅業的草創時代。

二、現代餐旅業之發展

我國現代餐旅業的發展始於民國 45 年，全國第一家觀光餐旅行政機構「臺灣省觀光事業委員會」成立。同年，我國最早的全國性觀光餐旅業組織「臺灣觀光協會」(Taiwan Visitors Association, TVA) 也相繼成立。

(一)啟蒙初期

此一時期由於我國餐旅業欠缺明確的觀光餐旅政策及目標，餐旅業組織也不太健全，因此餐旅業設施及服務設備均甚簡陋。當時，臺灣的旅行社僅四家。此時其國內餐飲業仍停滯於小吃店、小型餐館的營運階段。

（二）萌芽奠基期

此時期我國餐旅業發展目標為積極爭取國際觀光旅客來臺，擴大觀光宣傳、簡化出入境手續，以及試辦來臺 72 小時免簽證之作業。政府民國 47 年加入太平洋區旅行協會，今改為亞太旅行協會 (PATA)，同年又正式加入國際官方觀光組織聯合會，也就是現在的世界觀光組織 (WTO) 的前身。此時我國的餐旅業正式邁向國際化。

不過當時的餐旅業仍屬於傳統家族式的經營，其規模以中小型餐旅業為主。直到民國 52 年圓山飯店創辦「圓山空中廚房」，為我國空廚的鼻祖。

（三）成長發展期

政府於民國 62 年正式成立「交通部觀光局」，此時期為我國餐旅業的黃金時代。民國 65 年來臺旅客首度突破百萬大關，當時觀光旅館供不應求，為我國旅館業的全盛時期，旅行業從 57 家增至 353 家。

（四）蛻變轉型期

本階段我國餐旅發展的政策，除了持續加強餐旅市場的國際行銷與推廣工作外，並加強觀光餐旅資源的保育、獎勵投資觀光旅館、提升餐旅服務品質。為避免旅行業過度擴張，政府於民國 67 年暫時終止旅行業的申請設立，同時於民國 68 年開放國人出國觀光，使我國餐旅業正式由單向觀光邁向雙向觀光的新紀元。民國 73 年國際餐飲連鎖品牌麥當勞正式來臺設立第一家店，此時我國餐旅服務業正式進入現代化、國際化、連鎖化的時代。

（五）成熟發展期

民國 76 年 11 月正式開放國人赴大陸探親旅遊，民國 77 年重新開放旅行業之申請設立，並將旅行業由原來的甲、乙兩種旅行社，增加綜合旅行社，使我國旅行業正式分為三大類。本階段我國餐旅業發展的特色為重視以顧客為導向的人性化服務、追求餐旅企業品牌形象之建立，如企業識別系統 (CIS)。

（六）資訊 e 時代

現階段我國餐旅業發展政策乃配合政府訂定「21 世紀臺灣發展觀光新戰略」，以觀光為目的吸引 200 萬人次國際觀光客來臺，以及來臺旅客以 500 萬人次為目標。目前已完成臺灣觀光巴士及環島觀光列車系統之建置工作並營運，並積極籌建都會區平價旅館，同時完成旅館等級評鑑工作，希望提供旅客高品質有保障的餐旅產品。

今後臺灣餐旅業的經營管理除了重視環保工作與能源管理外，更要爭取國際品質管理、品質保證、標準化組織 (ISO) 的認證，確立企業品牌。

國外餐旅產業的發展

歐美餐旅業之源起可追朔到希臘羅馬時代、中古歐洲及近代歐美餐旅之發展。

一、古代西方餐旅業的發展

（一）希臘羅馬時代的餐旅業

古代羅馬人喜歡旅遊，其旅遊主要動機有：宗教、療養、藝術、酒食等等。羅馬時代旅館事業尚稱完備，到了第 5 世紀後，羅馬帝國崩潰，使得歐洲的餐旅業之盛僅宛如曇花一現，陷入餐旅業的黑暗時代。

（二）中古歐洲的餐旅業

由於十字軍東征，使得中古歐洲之餐旅業伴隨宗教觀光的興起而足見發展。16 世紀後，人文主義意識抬頭，自由旅行追求知識之風盛行，因此激起了歐洲各國「認識之旅」的急速發展。認識之旅也稱「修業之旅」，即是今日所謂的遊學觀光、知性之旅。

當時歐洲出現許多咖啡屋，最早設立的咖啡屋於 1650 年在英國牛津成立，可為現代餐飲業鼻祖。

二、近代西方餐旅業的發展

（一）近代歐洲的餐旅業

18 世紀末歐洲產業革命發生，由於蒸氣機的發明，火車之旅已成為當時旅遊的時尚。許多新穎的餐廳、酒吧及旅館陸續出現，但真正叫現代化的旅館是西元 1850 年法國巴黎的 Grand Hotel 為代表。當時歐洲各國人民自由旅行之風盛行，英國著名的旅遊業鉅子湯瑪斯 · 庫克 (Thomas Cook) 創辦了通濟隆公司，此乃歐洲最早的旅行社，有人稱庫克為「近代觀光業之父」。

（二）近代美國的餐旅業

西元 1930 年以後，鐵路旅行已漸漸由汽車旅行取而代之，汽車旅館已成為當時美國國民主要的旅遊方式。當時在公路兩旁陸續出現一種專門接待汽車旅遊者的汽車旅館 (Motel)。此時速食餐廳也因應而生，並以跨國連鎖經營方式遍布世界各地，例如：麥當勞在 1940 創立後，即迅速成長為今日全球速食業巨人。

觀光旅館方面，例如：芝加哥希爾頓飯店擁有將近 3,000 間的客房，享有世界最大旅館之美譽。此外，美國旅行業也相當發達，例如：美國運通公司在西元 1850 年創立時，只有經營運輸業務，如今已躍居全世界最大的旅行社，使美國成為當今世界觀光大國。

 **1-4　餐旅服務特質**

餐旅服務除了靠環境、餐點品質外，主要就是「以客為尊」、「凡事為顧客設想」的服務特質。餐旅從業人員除了應具備前述的服務觀念之外，尚需具備勇於接受新觀念、務實可靠、風趣健談、不屈不撓、領導能力、謹慎細心、整齊清潔、人際關係、觀察敏銳、樂觀進取、寬容、友愛及犧牲奉獻等服務特質。另外，從業主管對於相關工作進行督導、檢查、修正方向等管理作為，也可以促使餐旅服務的提升。雖然餐旅服務的發展有許多正面效益，但也會造成一些負面衝擊。以下將餐旅服務特質的優缺點分述如下：

一、經濟層面

（一）優點

可以增加國民就業機會、提高平均所得外，亦可增加外匯收入，平衡外匯收支。藉此促進餐旅產業發展增加政府稅收，促進國際貿易，加速經濟建設等優點。

（二）缺點

造成外部成本、政府財政支出以及物價上漲通貨膨脹等問題，以會影響當地產業結構，以及土地機會成本的損失

二、社會層面

（一）優點

可以減少失業人口、穩定社會功能，促進社會變遷均衡地方發展，並倡導正當休閒、提高生活品質，縮短貧富差距、均衡資源分配等優點。

（二）缺點

勞力與工作型態改變導致人們的價值觀改變，而生活水準提升與土地價值所有權改變，也造成消費型態的改變；觀光區政經系統改變，也造成原有生態的破壞。

三、文化層面

（一）優點

可以宣揚、欣賞並保存中國傳統文化，讓國際觀光客可與國人進行文化交流並創造更多元的文化國際視野。

（二）缺點

工作機會雖然增加，但個人經濟獨立所產生的負面衝擊、社會不良問題事件的增加，以及觀光客外顯行為的示範對於國人的影響，以及傳統文化被商品化的衝擊等缺點。

四、環境層面

（一）優點

可以美化綠化環境、改善都市景觀，保育生態環境、環保與能源管理議題被重視，並可改善社區環境品質等優點。

（二）缺點

因觀光人潮眾多，未落實垃圾不落地，或未遵守旅遊地之規定，可能造成環境汙染、生態破壞等問題出現。

 **餐旅服務品質**

對餐旅服務而言，服務品質必須在服務提供過程中評估，且通常是在顧客與服務的員工進行接觸時。顧客對服務品質的滿意度，是以實際認知的服務與對服務的期望二者做比較而來，顧客的服務期望來自四個來源：口碑、個人需求、過去的經驗，以及外部溝通。當顧客認知到的服務超過期望時，則是卓越的品質；當認知低於期望時，則無法接受所提供的服務品質；當期望被認知所確認時，則服務品質是令人滿意的。諸多的客人對餐旅服務品質雖有許多不同的註解與需求，實際上是涵蓋了以下四個重要的構面，分述如下：

一、可靠性

服務人員正確的執行已承諾的服務，讓顧客可以信賴服務人員，並每一次均能準時、一致、無失誤的提供專業的服務工作，並滿足顧客的期望。

二、回應性

當餐旅服務時若發生顧客抱怨時，服務人員須秉持著專業精神迅速的彌補錯誤，可以使一些顧客潛在的不滿經驗轉成正面的肯定。

三、確實性

執行餐旅服務時應對顧客有禮貌與尊重，並與顧客有效的溝通，以及時的考量顧客最佳利益的態度，展現服務人員的知識、禮貌，以及傳達信任與信心的能力。

四、關懷性

餐旅服務人員需平易近人、敏感度高，以及盡力的瞭解顧客的需求，隨時瞭解顧客需求並及時的提供專業服務。

要有效地提升餐旅服務的品質最主要的是要先明確定義餐旅服務的角色，也就是要建立完整的服務標準，並將此標準有效的讓所有參與的服務人員都要能清楚的瞭解。而餐旅服務是個需要整體團隊一起來合作，唯有團隊合作才能使員工有參與感、歸屬感、認同感，並以團隊的力量來影響每一位從業人員。以發展出一個良好的餐旅服務團隊，並有效提千服務品質。而餐旅服務雖然是一般例行基礎的服務工作，但是第一線服務人員的絕對不是所有的人都能合適勝任的，不但單調無聊且重複性高，因此服務人員必須有耐心及愛心等特質，尤其是人際關係溝通技巧可以避免與顧客發生溝通困難的窘境。因此餐旅產業必須要能重視人才的遴選培育與養成，服務人員必須接受良好的專業服務與態度訓練，才可以增加顧客滿意度及減少服務提供者的壓力與挫折。

另外，顧客在消費產品的過程中若產生了不滿或客訴的問題，會使顧客對該品牌喪失信心，除了從業人員需迅速親自出面有效的解決問題，並提供顧客必要的支持外，建立出一套完善的餐旅服務品質系統，可有效確認顧客的需求標準及對品質的期望標準外，也可提供服務的標準作業流程、服務團隊合作支援，以及互補的方式建立起來，並做定期的追蹤檢查與回饋，便可立即挽回顧客的信心，或重建顧客對服務品質的認同。

學後評量

一、餐旅產業的屬性為何？

二、餐旅從業人員應具備哪些服務特質？

三、餐旅服務品質涵蓋了哪四個重要的構面？

四、如何有效的提升餐旅服務品質？

五、為何要建立出一套完善的餐旅服務品質系統？

Chapter 02

餐飲產業經營
成本與財務管理

2-1　餐飲成本的概念

　　餐飲成本是指由食品原料成本和屬於成本範圍的各種費用消耗分組而成，其中包括：主料成本、配料成本、調理成本和飲料成本。而費用則包括：人事費用、固定資產的折舊、水電與燃料的費用、餐具、用具的消耗費用、服務用品及衛生用品的消耗費用、管理費用、銷售費用及其他費用等。若要有效的降低餐飲成本與費用，就必須落實下列幾項原則：

一、有效掌握食材進貨價格

　　食材原材料進價的高低，主要取決於採購、驗收、庫存、製作等四大環節。有效的建立相關部門的各項作業、品管及稽核制度，並隨時督促、檢查執行情況才能有效的掌握食材價值降低損失的發生。

二、建立完整的採購制度

　　若要建立完整的採購制度，必須要先有明確對於供貨商的審查標準，一般說來，評價供貨廠商的標準主要有下列 5 項標準：

1. 供貨廠商的地理位置、交易條件，以及配合方式。

2. 供貨廠商是否理解餐廳本身的經營策略，並願意全力協助。

3. 供貨廠商的信譽如何？貨源是否穩定？是否可長期合作？

4. 是否能提供有關商品和消費的情報？

5. 是能否提供餐飲經營所必須的商品種類、數量和質量？

　　其次，要建立標準化的採購程序、要求在原採購人員因事離開工作崗位，其他人能順利接續工作。標準化的採購程序主要體現在採購文件上。主要包括：採購申請書、訂購單和進貨回執。採購申請書是採購人員進行採購的依據，訂購單是供應單位供貨和驗收人員驗收的依據，而進貨回執則是結算憑證。

三、建立完善驗收、庫存制度

　　驗收是指驗收人員檢驗購入商品的品質是否符合需求，數量是否準確無誤。驗收制度，就是對驗收人員、驗收項目、要求及程序做出的具體規定。而庫存制度則是在入庫、儲存、出庫等方面的相關規定。驗收與庫存制度，應注意以下事項：

1. 有專人驗收，並做到相互牽制。
2. 明確規定驗收的項目及具體要求事項。
3. 明確規定驗收的程序和各種表單的填報。
4. 訂定完善入、出庫的手續，做到準確無誤。
5. 將各種商品分類存放以達到衛生防疫要求，並且做到先進先出。
6. 明確規定各類商品的存放溫度和最長存放時間，防止食品腐爛變質或缺乏新鮮度。
7. 明確規定合理的儲存定額，避免庫存物品的積壓與供不應求的情況發生。
8. 明確建立盤存制度，防止和堵塞各種漏洞。

四、建立烹調作業標準化、有效控制食品成本

　　食品從原料到成品必須經過一系列的加工製作過程，如果不加控制，就會出現浪費現象。因此在製作過程中必須制訂各種標準，例如：材料數量標準、刀工配比標準、投料標準、烹調標準，以及烹調的標準化。不僅能避免各種浪費，並且對保證餐食質量也非常有效。

五、建立完善表格制度

　　在對餐飲的控制中，要利用表單進行監督，例如：驗收員日報表、市場價格表、供貨單位情況表、食品成本報表、營業日報表等，以便及時瞭解有關情況，發現問題及時糾正。

　　餐飲大型連鎖業者應建立中央廚房根據各店需求統一進貨，統一驗收，並按照要求加工食品原料，不僅提高了經濟效益，而且還帶來了下列幾項的經濟效應：

（一）保證食品新鮮度

廚房所使用大多是 4 門或 6 門冰箱，此類冰箱一方面容量有限，另一方面製冷度不夠，遇到大型進貨時產品就容易變質造成浪費。中央廚房的冷凍庫可保持 -80℃左右的溫度，食品經分類、洗好後送冷庫保存，可以確保食品原料的新鮮度。

（二）提高廚房的衛生清潔度

海鮮產品購入後送達各廚房後還要宰殺、切配，常常弄的廚房泥水滿地、血跡斑斑。在中央廚房可以將有關程序進行加工，可大幅改善廚房的衛生條件。

（三）加強驗收程序

統一採購，統一驗收，可以杜絕進貨中舞弊的現象發生，也可以嚴格把關食品品質，維護了業者的利益。

六、控管費用的支出

食品成本水準的高低，決定著餐飲業的毛利水準，要增加利潤，必須嚴格控制屬於成本範圍的費用支出。主要應把握住以下幾個基本環節：

（一）建立科學的支出標準

屬於成本範圍的費用支出，有些是相對固定的，例如：折舊、人員工資、開辦費用攤銷等。而有些則是變動的，例如：水（電）瓦斯費用、差旅費、銷售費、餐具、用具的減少等。因此，是根據每年度的實際消耗額，以及通過消耗合理程度的分析，確定一個增減的百分比做為基礎，並訂定較科學的消耗標準。

（二）落實預算核准制度

餐飲食材購買食品的資金，一般根據餐飲的業務量和儲存定額，由會計部門核定一定量的流動資金，由各單位支配使用。但屬於費用開支，則必須是先入出預算，必須事先核准，不得隨意添置和選購。臨時性的費用支出，也必須申請，統一核准。

（三）建立完善各種責任制度

要控制各種費用，還必須落實各種責任制，做到分工明確，使專人負責和團體控制相結合，並且要把控制好壞同每個人的物質利益結合起來。

七、成本的直接性與變動性

餐飲業的成本可分為直與間接成本，所謂的直接成本是指餐飲成品中具體的材料費，包括食物成本和飲料成本，也是餐飲業務中最主要的支出。而間接成本是指操作過程中所引發的其他費用，如人事費用和一些固定的開銷（又稱為經常費）。人事費用包括了員工的薪資、獎金、食宿、培訓和福利等；經常費則是所謂的租金、水電費、設備裝潢的折舊、利息、稅金、保險和其他雜費。

成本之規劃為固定與變動兩詞，舉凡損益分析、成本分析、彈性預算、利潤計畫等，以及許多其他管理決策，皆有賴於對於成本的變動性的把握：直接與間接成本、變動、固定、與半變動（半固定）成本、損益平衡點。

由此可知，餐飲成本控制的範圍，也包括了直接成本與間接成本的控制；凡是菜單的設計、原料的採購、製作的過程和服務的方法，每一階段都與直接成本息息相關，自然應嚴加督導。而人事的管理與其他物品的使用與維護，應全面納入控制的系統，以期達到預定的控制目標。

八、對營業單位的考核

根據餐飲產業的基本要求，會計部門對營業單位的考核，主要通過營業收入、毛利率、利潤來審核，並且以財務報表依據：

（一）營業收入

是指公司因正常商業活動，所獲得之收入，通常是經由提供產品及服務所得。這是表現現場工作量和經濟效益的主要指標。營業收入的高低在一定成度上也反映很多客人對現場工作的滿意程度。

（二）毛利率

毛利率是一個衡量盈收能力的指標，也是用來衡量公司的產品價值指標。毛利率越高則說明企業的盈收能力越強，控制成本的能力越強。這是影響餐飲業實際銷售，也是整體營運銷售的關鍵，也是關係到飯店經濟效益的關鍵。

（三）利潤

利潤是指在某一特定時間內，企業的總收入減去商品成本，以及所有相關支出之獲利。利潤的多少與公司營運的好壞息息相關。以營利為本的企業或組織會比較多個產品的利潤，用以評估該產品是否值得繼續保留。這是表現餐飲管理水準的綜合指標。

 # 2-2　實踐餐飲成本控制

餐飲成本的三個要件（食材成本、人事成本、經常性費用），這些僅是一種靜態的概念，對於成本的分析具基本的參考作用。而動態的成本則和銷售量有關係，以這些標準而言可分為以下幾種類型：

一、製訂餐飲成本的標準

（一）標準的建立與保持

任何餐飲營運都需建立一套營運標準，每間餐廳標準各有不同，例如：連鎖國際觀光旅館的營運標準就不同於一般餐廳。如果沒有標準，員工們會無所適從而各行其事，因此需要製訂標準提升他們的工作成績和表現，以及藉助於顧客的批評來提升服務品質。必要時施行訓練，使員工對本店標準獲致共識。

（二）收支分析

收支平衡分析是研究固定成本、變動成本和利潤關係的一個非常有用的工具，收支平衡點能夠製訂出一個合理的價格、必需達到的最低產量與何時可以損益兩平、產生獲利。

（三）餐飲價碼及製訂

餐飲定價是銷售和成本控制中非常重要的一個環節，價格往往會影響市場的需求變化與餐廳的競爭地位。價格會直接影響到企業的經濟效益，但價格往往是餐飲企業在擴大市場占有率和推出新產品時一種最直接、最有效的行銷策略。

（四）防止浪費

根據歐盟統計，每年約有 100 萬噸的食品正在歐盟國家被浪費，浪費會帶來環境、經濟與環境的問題。餐飲業最大的煩惱就是浪費食物與剩食，業者需謹慎處理並承擔社會責任與利潤的損失。

（五）杜絕蒙騙或詐欺

刑法第 339 條普通詐欺罪：意圖為自己或第三人不法之所有，以詐術使人將本人或第三人之物交付者，處五年以下有期徒刑、拘役或科或併科 50 萬元以下罰金。餐飲從業人員需保持一顆真誠誠實的心態，並勇敢地拒絕誘惑，克盡職守的做好每一個服務工作。

（六）營運資訊

肯・布蘭查(Ken Blanchard)在「一分鐘潛能管理」書中提到：「資訊就是貨幣，用來換取員工的責任和信任。」告知員工各種有關公司營運資訊的行為，就是「分享資訊」，這是管理階層極重要的義務，它的作用不僅是避免員工發生失誤，同時也能有效提振員工生產力、建立責任感。

二、制定生產作業標準

生產控制必須有標準，沒有標準就無法衡量、沒有目標，也就無法實行控制。管理人員必須首先規定要生產製作產品的質量標準，然後保證產品的標準化和規格化。又可消除管理者與廚師之間因標準而造成的困擾，消除產品的弊端。制定的標準，可作為廚師生產製作的標準，也可作為管理者控制的依據。這種標準通常有以下幾種形式：

（一）標準菜譜

標準菜譜可以幫助統一生產的標準，保證菜餚質量的穩定，使用它可節省生產的時間和精力，避免食品的浪費。任何影響質量的製作過程要準確規定，不應留給廚師自行處理。標準菜色的制定形式可以變通，但一定要有實際指導的意義，它是一種控制工具和廚師的工作手冊。

（二）標量菜單

標量菜單就是在菜單的菜名下面，分別列出每個菜餚的用料配方，用它來作為廚房備料、配方和烹調的依據，由於菜單同時也送給客人，使客人清楚地知道菜餚的規格。總之標量菜單確實是一種簡單易行的控制工具。

（三）生產規格

用加工規格、配分規格、烹調規格等三種流程的產品製作標準，來控制各流程的製作。烹調規格主要是對菜餚規定調味比例、盛器規格和裝盤形式，以上每一種規格應成為每個流程的工作標準，可用文字制成表格，張貼在工作處隨時對照執行，使每個參與製作的員工都明瞭自己的工作標準。

三、落實控制生產作業及流程

廚房生產作業流程主要包括：加工、配方、烹調三個程序，作業流程控制就是對生產品質、數量、成本進行規劃，在三個流程中加以檢查督導，隨時消除生產誤差。保證產品一貫的品質標準和優質的形象，並達到預期的成本標準，消除一切生產性浪費，保證員工都按照制作規範操作，成為最佳的生產流程。

在制定了控制標準後，要達到各項生產標準，就一定要有訓練有素、知道標準的生產員工，在日常的工作中有目標地去製作，過濾並用一貫的高標準嚴要求，保證制作的菜餚符合質量標準。

（一）加工過程的控制

加工過程包括：原料的粗加工和細加工，粗加工是指對原料的初步整理和洗滌。能用機械切割的儘量加以利用，以保證成品規格的標準化。避免加工過量而造成質量問題。並根據剩餘量不斷調整每天的加工量。

（二）配方過程的控制

配方過程的控制是食品成本控制的核心，也是保證成品質量的重要環節。在配方時指有接到餐廳客人的客製化訂單，或者規定有關正式通知才可以配置，保證配置每份菜餚都有憑據，另外，要嚴格杜絕配置中的失誤，例如：重複、遺漏、配錯等，從而使失誤降到最低限度。

（三）烹調過程的控制

烹調過程是確定菜餚色澤、質地、口味、型態的關鍵。剩餘食品在經營中被看作是一種浪費，因為剩餘食品對作何人都一樣，被認為是一種低劣產品，導致被搭配至其他菜餚中，或製成另一種菜，這只是一種補救的辦法，但質量必然降低，也無法把成本損失補回來，由於這原因，過量生產造成的剩餘現象應當徹底消除。

四、控制生產作業方法

為了保證控制的有效性，除了制定標準、重視流程控制和現場管理外，還必須採取有效的控制方法。常見的控制方法有以下幾種：

（一）程序控制法

程式控製法即對經常性的重覆出現的業務，要求執行人員按規定的標準化程式來完成，以保證產品的品質達到控制的目標和要求。廚房按照標準作業流程進行加工、配置到烹調，每道程序的最終點為程序控制點，生產者必須為產品品質量把關，也有責任提出改正，可使每個生產過程都可妥善的控制品質。

（二）責任控制法

按廚房的生產分工，從加工、配方、每個員工的生產質量責任，主廚要把好出菜質量觀，並對菜餚產品的質量和整個廚房生產負

（三）重點控制法

對那些經常和容易出現問題的環節或部門，作為控制的重點。這些重點是不固定的，對不同時期出現各種環節問題加強控制，當這幾個環節的生產問題解決並控制，逐步根絕生產質量問題，不斷提高生產水準，邁向新的標準。

2-3　餐飲財務管理

現今我國餐飲業經營環境，在蛻變的世界經濟與國內經濟的激盪下面臨了前所未有的挑戰，尤其是國內的金融制度與金融機構，也有顯著的變革。餐飲業的財務管理理念、財務分析方法、財務規劃技巧，以及財務決策程序等均要有求新求變的體認。

餐飲業的財務管理，並不只是現金的出納及保管等活動，而是涉及全盤的餐飲活動。財務功能是以資本的籌集為起點，經由資本的運用獲取利潤，再做適當分配的一連串循環活動，財務管理則要想發揮財務功能必須著重規劃、執行與控制。

一、財務的意義

財務一詞，從餐飲業經營觀點而言，是指涉及餐飲業資金有關的活動或事務。現代餐飲業由於科技的進展與組織的擴大，資金需求很大，舉凡餐飲業的開創、土地的購置、設備的增添、人員的雇用、原料的採購、市場的拓展等活動或事務，若無資金，則一籌莫展，資金逐漸成為現代餐飲業營運的主要基礎，財務有關問題的處理因而逐漸繁鋸，亦日益重要。

二、財務管理的意義

財務管理系根據餐飲的規模與性質，對餐飲業營運資金的募集、分配、運用等問題，予以妥善的規劃與控制。近年來，餐飲業財務管的理論與技術，益趨專精，重點在於財務的分析檢討，以及財務決策的訂定。

三、財務管理的重要性

財務是涉及餐飲業資金有關的活動或事務，餐飲業若無資金，營運則是一籌莫展。因此，一個建全的餐飲業，必須有良好的財務管理制度與方法，才能確保營運的成功。

近年來，餐飲業財務管理工作，日趨專精，餐飲業紛紛設置專業的財務部門，負責財務管理的工作。財務管理運用妥當可發揮已下各種功能：促進餐飲業組織安定、促進餐飲業的收益增加、協助餐飲業快速成長、充實餐飲業生產增加。

四、財務管理規劃

餐飲業營運目標不外乎利潤和服務兩項，而利潤是餐飲業生存所必須，為餐飲業營運的主要目標。從餐飲業財務觀點而言，若餐飲業業主的投資額固定，餐飲業資本淨值若增加，則表示營運利潤的增加。餐飲業資本淨值是指資產總值扣除負債總額而得；因此，如何增加餐飲業資本淨值，是餐飲業營運的主要目標。

（一）利潤規劃

利潤為餐飲業經營的最主要目標，不但為投資人所追求，亦為餐飲業員工福祉之所繫。而餐飲業財務經理的任務，亦由經營的主動性來籌措資金工作，進一步發展成為主動性的謀求餐飲業利潤的規劃工作。制定利潤計畫時，須具備餐飲業內部資料、餐飲業外部資料。

（二）利潤的訂定

餐飲業從事利潤規劃，對於目標利潤的設定，可以參照投資報酬率法、營業資產收益率法、員工每人平均年淨利法，以及所需盈餘作為目標利潤，這4種方式可以單獨或調和使用。依照企業的財務規劃原則做不同的調整，其目的在持續維持營收，企業永續經營。

（三）損益平衡分析

餐飲業利潤規劃涉及收益與成本兩基本要項。兩者間的差額就是利潤。損益平衡點系指餐飲業在某銷售量時，其銷貨收益洽好等於成本支出，在此點時餐飲業既不虧亦不賺。

2-4 餐飲業在總體經濟的特性

就全球經濟未來的發展而言，美國自 2018 年 3 月起的景氣擴張，可望持續下去，惟成長幅度將有減緩，根據美國聯邦準備理事會 (FED) 預估，實質成長率維持在 2.3%；消費物價指數 (CPI) 年增率則可望維持在 3% 左右的穩定水準，其他如英、日、德等國家也都持樂觀，經濟表現將維持活絡，但是歐洲其他國家及日本景氣則依舊疲軟，經濟不振是這些國家的心中之痛。事實上，全球的經濟情勢根據多數機構預估將達 4.1% 的水準，對亞洲地區而言，至今仍是全球經濟成長最快速的地區，中國大陸收回香港後，經濟成長率也一直維持在 5% 以上，臺灣則由於全球景氣循環及亞洲新興國家貿易不穩定，導致去年 (2019) 的出口成長率大幅滑落，加上兩岸關係緊張、公共工程進度落後、民間投資不振，進而連帶影響民間消費意願，致使整體經濟表現欠佳。

根據 Fortune 雜誌的評估，美國在經濟復甦前，餐飲食品業 2017 年約成長 11%，而 2018 年成長率更提高到 13%。臺灣的現象更是明顯，一旦社會經濟情況稍有起落，餐飲業界之經營狀況馬上就會出現起伏現象。單是以 2018 年為例，臺灣經濟景氣非常低迷，餐館倒閉結束營業，小型速食店更是欲振乏力，平添社會不少失業人口，造成社會龐大負擔，在 (2019) 的情況也頗類似，麥當勞在全臺關閉了多家的分店。由此可見餐飲事業與總體經濟互動的重要性，同時餐飲事業在總體經濟發展上，有以下各方面之影響：

一、餐飲業與國民生產毛額

我們根據臺灣餐飲市場以往的營業額比例來觀察，以及過去多年來國內飲食業生產毛額和國民生產總毛額實際數字可以得到一個結論，那就是餐飲生產毛額會隨著國民生產毛額的成長而成長，而且成長的幅度及比例還更為領先。

目前我國政府仍積極朝著亞太金融中心的目標邁進，加上放寬各種金融借貸條件，非常鼓勵民間投資，餐飲業能否搭上這班快速經濟的時代列車，勢必將影響未來餐飲業的榮枯。

二、餐飲業的就業人口比例

據行政院主計處「人口資源調查」，我國的服務業與農業、製造業的受雇人口，有明顯的提高與下降趨勢，自 2017 年起農業平均就業人口有 976,000 人、製造業有 2,485,000 人、服務業有 4,456,000 人，到了 2018 年，農業平均就業人口有 954,000 人、製造業有 2,449,000 人、服務業有 4,587,000 人，截至 2019 年的第二季，農業就業人數有 938,000、製造業有 2,417,000 人、服務業有 4,697,000 人，很明顯的農業與製造業人口逐年減少，而服務業就業人口卻逐年增加。

各產業聘僱員工比例，以 2017~2019 年為例，服務業聘雇員工比例一枝獨秀。臺灣地區一些屬於服務業的就業人口分配情況：餐飲業 388,000 人，運輸、倉儲、通信業三者，總計 468,000 人。金融保險及不動產業總共有 311,000 人，工商服務業（含廣告、翻譯、土木建築設計…等）有 311,000 人，環境衛生汙染防治服務業有 56,000 人，電影事業有 6,000 人，個人服務業有 432,000 人。在美國餐飲事業是最大的雇主，大約有 1,240 萬的人員受雇於餐飲業，在臺灣直接或間接跟餐飲有關的從業人數也在不斷增加，又加上各公私立單位或學校都有做計畫性的培訓，因此，在不斷增加人口比例投入服務業中的同時，不難想像未來的餐飲業，勢必將延攬更多的人力，為社會人士帶來更多的就業機會。

民生問題一直是人類歷史上的主要課題，其中最重要的部份就是「吃」，從食物烹調方式的演進，可以看出人類進步的歷史；從餐飲文化的認知，可以窺見社會興衰的現象。事實上，臺灣在百年內從農、漁牧業社會轉型到今日以工商業為主的社會，在這之間的餐飲業變化，也由小型、中型、到國際化一路發展而來。

早年去餐館用餐，對大多數人而言，是奢侈而豪華的，難得才有的休閒調劑，更是一種嚮往與渴望。三、四〇年代的臺灣，是一個封閉社會，歷經五、六〇年代政府農村政策、交通建設、經濟改革之後，才逐漸拓展起來，也帶動了外食人口的逐漸增加，尤其許多鄉村人口湧進城市，身無一技之長又無高學歷背景，依靠的只是深植於日常生活中的傳統饌食烹調技藝，餐飲業逐成為最合乎「本領」的創業途徑，於是小餐館如雨後春筍，一家一家成立，餐飲業逐漸在商圈中嶄露出繁華的前景。

七〇年代以後，臺灣經濟改革成效顯著，一躍而為亞洲四小龍之列，加上西風東漸，歐美商業講求品質管理的方式，漸漸影響國人的經營理念，餐飲業是感受最鮮明的例子：強調衛生、講究服務、注重品質、增加氣氛、提高休閒效果等，同行間的競爭更趨白熱化，儘管如此，國人仍將餐飲業視最佳賺錢和創業的機會，最主要原因是它不需具備高學歷背景，只要能籌出資本和找到人才即可大顯身手，說不一定還有鴻圖大展的機會。

學後評量

一、餐飲成本包含哪些？

二、如何有效的降低餐飲成本與費用？

三、餐飲成本分析標準有哪些？

四、餐飲財務管理的意義為何？

五、如何訂定餐飲業的目標利潤？

MEMO

Chapter 03

餐飲服務工作職責

🔔 3-1　餐廳的組織

　　每一個餐飲工作職務都有它的工作職掌與說明，而這些工作事務不但不能遺漏與重疊，更要為了達到更高的工作效率、服務與營運作為目標。因此，每一個工作都必須事先做適當的安排，而餐廳的組織編制，會依照其營運機能、設備限制、市場定位、企業文化、服勤方式與員工素質等種種考量因素做不同的規劃與安排。而服務人員的工作職責與同仁間權責的劃分，以及應遵循何人的指揮。都可藉由餐廳組織圖（如圖3-1）來瞭解其組織功能與運作，讓員工瞭解公司升遷管道，並建立自己的事業目標。由此，幫助團隊的建立，發揮最大的團隊效益。

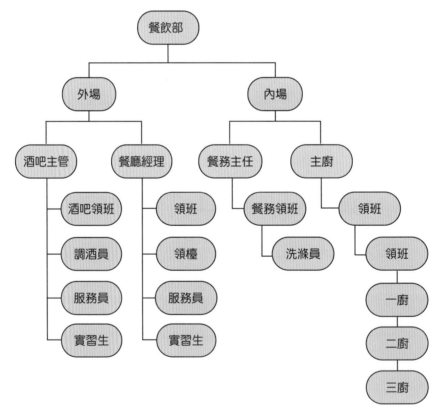

● 圖 3-1　餐廳／餐飲部組織圖

　　組織形態可大可小，小至幾個人，大至數百人以上的編制。通常劃分兩大部分：

1. 內場：負責廚房作業及外場支援工作。
2. 外場：直接服務客人。

　　餐廳組織又可以分為前勤單位及後勤單位兩大架構：

一、前勤單位

　　是指在餐廳營業場所內，直接服務客人所設立的單位。例如：外場服勤、廚房、酒吧、餐務洗滌等。

二、後勤單位

　　例如：採購總務、財務、會計、人事訓練、安全警衛。服務前、中、後支援前勤單位。

🔔 3-2　餐飲外場員工工作說明

一、服務人員的工作職掌

　　從事餐飲工作的每一個服務人員都須充分瞭解自己的工作內容與職責，而每一個人的工作皆與他人環環相扣，若有疏忽時需即時的做協助與彌補的動作，避免顧客抱怨的產生。以下就以實習服務生、服務員、領檯、領班的職掌作說明。

(一) 實習服務生 (Bus Boy/Bus Girl)

1. 新進員工由此職務開始做起。
2. 直接主管：領班。
3. 工作綱要：協助服務員，執行各項服務工作。
4. 工作職掌：參考服務員之職掌。

（二）服務員 (Waiter/Waitress)

1. 直接主管：領班。

2. 工作綱要：執行餐廳之各項服務工作。

3. 工作職掌：

(1) 負責分配區域之服務客人、食物運送及清潔工作。

(2) 熟悉各式器皿的正確使用方法。

(3) 熟悉服務流程。

(4) 熟悉多種口布摺疊方式。

(5) 顧客入座後，按人數增減餐具。

(6) 注意客人動態，隨時提供服務。

(7) 隨時替客人添加茶水。

(8) 客人若有抱怨或意見，立即通知主管幹部處理。

(9) 熟悉買單流程。

(10) 客人離開後，迅速而輕巧收拾餐具

(11) 協助盤點工作。

(12) 正確的上菜方式並能正確端送給客人。

(13) 各式餐具定期保養。

(14) 布巾類、制服清點送洗與領回歸位。

(15) 隨時補充各式餐具與備品。

(16) 負責擦拭各種餐具。

(17) 注意客人所點菜餚是否有延誤，若有問題，馬上通知主管幹部。

(18) 將客人遺留物品，通知主管幹部登記處理。

(19) 保持服務區內的整齊與清潔。

(20) 將用過餐具分類送洗。

(21) 營業結束後，各項清潔處理工作。

(22) 領取酒水及一般物品。

(23) 其他交辦事項。

（三）領檯 (Hostess)：餐廳與顧客面對面接觸的第一線人員

1. 直接主管：領班。

2. 工作綱要：負責迎送接待之相關工作。

3. 工作職掌：

   (1) 接聽電話並接受安排訂位。

   (2) 帶領客人入座，並遞上菜單及知會當區領班。

   (3) 負責門口區域的環境與海報架的清潔。

   (4) 負責按時換菜單及海報活動內容。

   (5) 熟悉餐廳各項設施活動及營業時段，以利隨時回答客人的詢問。

   (6) 熟悉餐廳所提供的餐飲相關資訊。

   (7) 注意廳內客人活動，隨時提供客人服務。

   (8) 客人遺留物品登記。

   (9) 記錄各時段套餐、自助餐現場，以及為到之人數於 LOG BOOK 上。

   (10) 主動與出納連繫，確保客人權益。

   (11) 注意訂位狀況，主動與客人確認。

   (12) 其他交辦事項。

（四）領班 (Captain)

1. 直接主管：餐廳長。

2. 工作綱要：協助主管執行監督各項服務工作。

3. 工作職掌：

   (1) 餐廳長休假時，代理其職務。

   (2) 督導服務員服裝儀容與衛生及安全觀念。

   (3) 督導服務員服務禮儀與態度。

(4) 協助主管主持 Briefing，分配工作區域。

(5) 訓練與指導所屬服務員餐飲知識與服務技巧。

(6) 處理客人遺留物品。

(7) 填寫報修單並追蹤送修情形。

(8) 處理顧客抱怨並向主管報告。

(9) 負責盤點與器皿報費工作。

(10) 負責點菜工作並作適當推薦與推銷，必要時協助服務工作。

(11) 營業前，注意責任區域之整潔及桌上擺設物品之齊全。

(12) 營業中，巡視責任區服務人員上菜情形，餐中服務狀況。

(13) 營業結束後，物品之清理及各項善後檢查工作。

(14) 注意各項物品耗用情形及負責填寫領料單。

(15) 服務員上菜餚前，注意是否有所遺漏或菜餚是否正確。

(16) 客人結帳帳單是否正確無誤。

(17) 每日填寫交接本。

(18) 協助領檯帶位及接聽電話。

(19) 小費管理和發放。

(20) 酒水請領與查核。

(21) 督促服務生／員之工作，並將評估反應給主管。

(22) 其他交辦事項。

- 表 3-1　餐飲服務部（餐廳部）員工工作說明

職稱	說明
餐廳經理 (Restaurant Mgr.)	負責餐廳外場的服務為主。
服務副理 (Asst. Manager.)	1. 為餐廳經理的職務代理人，並協助其完成所有餐飲服務工作。 2. 負責餐飲服務人員的工作分配、服務人員的訓練、督導及考核、餐廳設備的維護保養、餐飲備品的存量控制、餐飲服務水準的維持、營業業績的提升、顧客抱怨與意見的處理、新產品的推出等業務。
餐廳領班 (Captain)	1. 屬於餐飲服務第一線的管理者。 2. 負責訓練、監督、管理所有的餐飲服務員、服務生、並且班排班表 (Work Schedule) 與分配工作。
服務員 (Waiter / Waitress)	1. 餐飲服務最基層的「服務人員」(Server)，他們相互支援以完成餐桌擺設。 2. 服務員接受客人點菜與點酒。
領檯 (Hostess / Greeter)	餐廳的接待員，負責接電話、劃位、帶位、分配座位，與其他領檯接待工作。
葡萄酒服務員 (Sommelier)	負責為客人進行選酒、品酒、開酒、過酒、倒酒等服務。

3-3　飲務部員工工作說明

　　一般較具規模飯店的餐飲部會將全部飲務工作由一個單位管轄，稱之為「飲務部」。而飲務部經理 (Beverage Manager) 就是飲務部之高階管理者。若該飯店餐飲部中設有酒吧時，通常飲務部經理會同時擔任酒吧服務經理 (Bar Service Manager)。此外還會設置酒吧服務副理 (Bar Service Asst. Manager)、酒吧領班 (Bar Captain)、調酒員 (Bartender)、助理調酒員與服務員等工作同仁。

一、酒吧經理 (Bar Service Manager)

「酒吧經理」也是以服務外場的顧客飲料為主的「服務經理」，但酒吧經理也要負責將酒水的存貨、採購與管理，保持在一個合理的成本控制的範圍內，「酒吧服務副理」是他的職務代理人。

二、調酒領班 (Bar Captain)

酒吧經理與副理要督導所屬的「調酒領班」，他是掌管酒吧現場的第一線主管，處理日常的飲料銷售業務、新飲料研發，以及飲料、酒水與酒吧之硬體（杯器皿）維護等工作。

三、調酒員 (Bartender)

「調酒員」應做好飲料調製服務，主要是以調製美式「雞尾酒飲料」(Cocktail Drinks) 為主，並不處理葡萄酒，「助理調酒員」(Asst. Bartender) 是調酒員的助手。

🔔 3-4 宴會廳員工工作說明

宴會廳的主管也稱宴會服務經理 (Banquet Service Mgr.)，主要以宴會外場服務為主，該單位與其他餐廳性質較為不同，除了有宴會服務副理與領班之外，宴會廳的服務人員比較少，但有許多計時人員 (Part Timer. PT) 與臨時工 (Casual) 的編制，以應付宴會服務的大量人力需求。

一、宴會廳經理

宴會廳經理是以服務到宴會廳消費的客人為主要任務，他會先與訂席客人協商「菜單」與「場地布置」(Floor Plan)，並依客人訂席狀況，發出「集會通知」(Function Order)，並主動安排、協調與布置場地，以符合客人之需求，並且協調餐務人員準備相對的餐具種類與數量。

二、宴會廳副理

宴會廳副理 (Banquet Service Asst. Mgr.) 是宴會廳經理的職務代理人，協助其完成全部的宴會廳員工之工作進度表，並在服務人員不足時，協調相關部門借調服務人員。

三、宴會廳領班

宴會廳領班與一般餐廳外場的餐飲服務之領班並無不同，都是以餐飲服務為主，其工作說明的要點請見前述的餐廳部之「餐飲領班」內容。

🔔 3-5 廚務部員工工作說明

廚務部包括：「行政主廚」、「行政副主廚」，在個別廚房又有「主廚」與「副主廚」等主管，其他則分屬各廚房的個別廚房「師傅」(Chef)。

一、行政主廚 (Executive Chef)

或可稱為「執行主廚」或「總主廚」，他專責於整個飯店全部廚房行政工作，除了制定廚房政策、作業程序與研發新菜單等工作外，同時他也要針對食材的用量與份量，進行成本控制的工作。此外各單位廚房之間人力資源的調配、工作班表的安排，以及廚房行政業務之間的協調、訓練、督導和考核等事項，都是屬於他的職責。

二、行政副主廚 (Asst. Executive Chef/Executive Sous Chef)

行政主廚的助手兼職務代理人，共同完成飯店內廚務的管理工作。

不論中廚或西廚，在飯店內各餐廳的廚房主管，稱為主廚 (Chef)，掌管各個廚房的一切現場製備、操作，與廚務管理工作，副主廚 (Sous Chef) 為其助手與職務代理人。

- 表 3-2　廚務部員工工作說明

職稱	說明
行政主廚 (Executive Chef)	1. 專責廚房行政工作，制定廚房政策、作業程序與研發新菜單。 2. 針對食材的用量與份量，進行成本控制的工作。 3. 廚房人力資源的調配、工作班表的安排。 4. 廚房行政業務之間的協調、訓練、督導和考核等。
行政副主廚 (Executive Sous Chef)	行政主廚的助手兼職務代理人。
主廚 (Chef)	為各別單位的廚房，掌管各個廚房現場製備、操作，與廚務管理工作。
副主廚 (Sous Chef)	為主廚的助手，與職務代理人。

- 表 3-3　中餐廚房組織

職稱	職責
爐灶師傅／炒鍋師傅／候鑊師傅	負責爐灶事宜，以熱炒為主，為中餐廚房最重要的烹調單位。
砧板師傅／凳子師傅／紅案師傅／墩子	負責砧板上調配工作、切菜配色、廚房進貨，並負責冰箱食材之儲存與管理。
蒸籠師傅／水鍋師傅	負責各式蒸墩食品及高湯熬製。
排菜師傅／打荷／料清	負責爐邊的雜事：拿取材料、控制上菜順序、成菜前的拼扣、完成菜餚的排盤及傳送工作。
燒烤師傅	如烤乳豬師傅、烤鴨師傅。
冷盤師傅	負責冷盤、拼盤、果雕、冰雕。
點心師傅／白案師傅	負責點心製作。

● 表 3-4 西餐廚房組織

職稱	職責
熱炒師傅	負責熱炒及製作熱炒食物的醬汁。
魚類師傅	負責海鮮切割、料理及醬料之製作。
烤肉師傅／燒烤廚師	負責家禽、家畜等肉類燒烤及醬汁製作。
碳烤廚師	負責製作碳烤類食物，小型廚房將燒烤廚師與碳烤廚師之工作合併。
冷盤廚師	負責冷盤、生菜沙拉、沙拉醬汁、冷開胃菜、三明治製作、果雕、冰雕等製作。
切割廚師	負責魚類、肉類之切割工作，可再分為魚切割師 (Fish butcher)、禽類切割師 (Poultry butcher)。
西點廚師	負責製作甜點、麵包、蛋糕。 糖果餅乾師傅。 麵包師傅。 冷凍及冷甜點師傅。 蛋糕師傅。
砧板廚師	廚房各單位主廚的替補，隨時支援各部門。
調味師傅／醬汁師傅	負責各種醬汁的調配、湯頭提煉等工作。
油炸師傅	負責油炸食物、焗烤類的食物之烹調。
幫廚	在西式廚房個別小部門中學習幫忙、完成廚房的工作。
學徒	1. 為餐廳廚房中，職別最低的階級。 2. 通常由實習生、工讀生或剛學做菜的學徒擔任。

工作職掌標準範例－飯店餐廳

　　不論是中、西餐廳都會一套專屬自己需求工作職掌說明，但是要將所有每個工作職掌都能做到盡善盡美，就需要不斷的調整與改變，但最終的目標都是將餐飲服務能做到讓顧客感到滿意，以下以飯店餐廳各主要人員的工作職掌做說明：

一、經理主要工作說明

（一）工作協調 & 市場調查

1. 依據餐廳之服務設施，配合業務部門之營業計畫，分不同之季節，協調主廚訂定本廳餐飲活動推廣計畫，列出營收預算。

2. 除業務部已有市場調查研究分析外，餐廳對有關市場亦應有確切之瞭解並提出經營方法。

3. 依據公司營業政策，與主廚協調會同訂定餐廳各項菜單內容、材料成分、成本分析、份量及價格。

4. 負責訂定點餐、出餐服務及有關工作之作業程序，以及工作人員應遵行注意事項，並不斷改進，使服務能便利客人及工作人員。

（二）服務注意事項

1. 對個別或預定來餐廳食用餐飲之客人，提供所需要之服務。

2. 各項冷熱飲料、酒類、各式餐點，場地及桌椅餐具之提供，由服務人員負責排列(Set Up) 席位，依客人旨意點叫食物飲料並予傳送至客人面前食用。

3. 協助安排及服務宴會廳或為客人外燴之工作。

（三）服務品質改善

1. 與客人建立良好關係，瞭解客人對飯店餐廳服務及提供之食宿是否滿意，盡力化解、處理客人抱怨，將情形報告上級。

2. 建立日記簿記載每日活動及有關事項。

（四）員工工作管理

1. 依據員工素質、工作情形、心態情緒，配合季節及營業時間，訂定餐廳員工訓練計畫，並按期施行。

2. 遵守公司之人事有關規定，負責管理餐廳所有職工人員，瞭解各員工之工作能量、情緒及生活狀況，辦理考績、考核、獎懲、升遷及調補事宜，確使各員工儀容整潔、士氣良好，具備高水準之服務精神。

3. 建立員工工作輪休表，負責督導各員確實照表到班。

（五）設備、環境管理

1. 依據餐廳之各項設施，列出年度汰舊更新、補充、修護、保養之年度支出預算，依規定程序採購請修。

2. 負責餐廳內之各項設施、物品、場所、裝璜、色調氣氛、菜單形式、鮮花裝飾、照明等，保持清潔整齊、美觀堪用，盡量減少損耗，遇有損壞應依規定程序請修。

3. 負責保管餐廳內之各項設備、物品器皿，保持完整堪用，減少破損遺失率，建立財產登記制，每月配合財務部清點盤存，凡損壞而不堪修復者，應依公司報廢程序辦理。

4. 負責保持本廳工作環境整潔，訂定檢查制度，並列檢查項目表 (Check List) 每日實施檢查，並配合公司每週之例行檢查。

二、副理主要工作說明

（一）工作注意事項

1. 訂定「檢查表」，每日帶同領班等級以上人員，在適當時間負責檢查所有服務用餐之準備工作，務必在每日營業前按時完成，且確實使餐廳之準備工作均依要求按時完成。

2. 與主廚密切連絡有關每一份銷售食物的陳設與份量，並依材料成分、成本分析，訂定每一菜單之內容及銷售價格。

3. 與主管部門及主廚密切協調一切私人之宴會及會議或西式宴會等事項。

4. 參加每週餐飲部之會議。

5. 密切注意計畫預算收入。

6. 審核並簽名所有之申請單。

7. 參加公司定期或不定期的訓練及會議。

8. 其他臨時或特殊交辦事項。

（二）服務注意事項

1. 協助接待員招呼客人、領檯及歡送客人。

2. 視需要向客人推薦並接受其點菜。

3. 盡量與客人建立極佳之關係，以瞭解客人對餐廳所提供之食物與服務是否感到滿意並建立客人習性資料。

（三）服務品質改善

1. 負責餐廳日記簿之填寫，以將每天活動有關事項予以記錄並呈送上級核閱。

2. 督導、指導並協助服務。

3. 負責抱怨之處理，並予以化解，並向上級主管報告。

4. 提出認為需要之改善建議。

（四）員工工作管理

1. 向部屬每天做簡報、檢查服裝儀容、轉告公司新進規定、告知昨日之缺點、營養情形及今日如何改進今日特餐、主廚特選菜餚及工作時應注意事項。

2. 舉行定期之在職訓練，以達到最高之效率與服務力。

3. 確實使餐廳所有工作人員對菜單上的每一項目，包括：每日特餐、主廚特選等，是否有相當的認識。

4. 檢查輪休表及簽到簿是否確實施行並記錄。

5. 員工出缺時，依公司規定負責辦理新進人員的面試、甄選、僱用及依「訓練項目表」予以訓練。

6. 提出員工升遷、調薪、解僱等之建議。

7. 保持個人及員工儀容之最高整潔。

8. 確使所有員工遵守公司的規定。

9. 確實瞭解所屬職工之工作量、能力是否稱職，以及其工作情緒、私生活狀況是否正常，發現有異，予以合理疏導或報告上級。

（五）設備、環境維護

1. 做定期抽查，以確實使餐廳內各服務站均保持清潔，且器具配備充足。

2. 檢查客座區域隨時清潔無汙，視情形需要提出修護處理或更新之申請，或列入年度預算計畫。

3. 儘量使器具之破損率與遺失率維持在最低限度，凡損壞而不堪修復者，應依公司報廢程序處理。

4. 隨時抽檢，確實使桌上之調味瓶罐已填滿並清潔，且確實使花飾均保持為新鮮程度，若發現有不良情形或花商未能按時來更換，應分別告知房務部及採購部處理。

5. 餐廳所保管物品器皿，應建立登記帳，隨時保持帳料相符，並配合財務部或餐務部每月清點一次。

三、領班主要工作說明

（一）工作注意事項

1. 參加每日經理、副理所做之簡報。

2. 參加定期之在職訓練，並於平時訓練所屬員工。

3. 遵守公司之規定，並執行其他臨時或特殊交辦事項。

（二）服務注意事項

1. 為客人點餐前飲料、呈閱菜單，推薦適切之餐食，為其點菜。

2. 呈閱酒單並同時點酒。

3. 服務餐食飲料上桌。

4. 切牛排、去魚骨及桌邊服務。

5. 隨時詢問客人對於餐食之反應，有任何不滿意，即時妥善處理。

6. 配合領檯促銷飯後酒。

7. 視情形需要，協助其他區之同事服務。

8. 於客人要付帳時，有禮而很清楚地協助客人完成結帳手續。

9. 視情形向要離去的客人致謝並道別。

（三）服務品質改善

1. 將任何之抱怨或特別事件，盡力化解並報告經理或副理處理。

2. 協助維持作業順暢，確使服務之素質經常保持在最高水準。

（四）員工工作管理

1. 盡量使準備工作均依照規定之程序按時完成。

2. 負責分配之責任區域之正常操作及人員調度。

3. 確實使餐廳之所有工作人員知悉公司所制定服務之觀念及水準。

4. 保持個人及部屬儀容之最高水準。

（五）設備 & 環境維護

1. 檢查餐廳隨時清潔無汙，並將任何需要修理或更新之處，立即向經理或副理報告。

2. 檢查所有之器具均清潔、良好無缺口。

3. 檢查各指派之服務站是否清潔，並且配備充足。

4. 負責上級所交代保管之物品器皿，詳予登記數量，每日清點，盡量使器具之破損及遺失率保持在最低限度。

5. 檢查調味品、燃燒液及一般用品數量是否充足。

6. 下班之前，負責餐廳內物品及消防安全之檢查，並檢查打烊前的整理工作，均依規定之程序按時完成。

7. 確使衛生經常保持在最高水準。

四、接待員主要工作說明

（一）工作注意事項

1. 負責迅速有禮地接聽電話。

2. 每日上班首先閱讀訂席簿，整理當日訂席客人資料，安排桌位。

3. 參加經理、副理所做之簡報。

4. 盡可能熟悉訂席客人資料，以便直接將客人領至其桌位，而不必再查詢訂席簿。

5. 傳達當日訂席客人資料予所屬區域之領班及服務人員，以便做好事先安排。

6. 協助經理建立顧客名片檔案，記錄顧客習性資料。

7. 將所認為需要之改善建議向經理提出。

8. 參加定期之在職訓練。

9. 遵守公司之規定。

10. 其他臨時或特殊交辦事項。

（二）服務注意事項

1. 隨時保持菜單、酒單、點心單、菜卡之完整及整潔。

2. 記住已來過的客人姓名面貌，並盡可能很有禮貌地以其職銜及名字向其招呼。

3. 於客人蒞臨時，向其招呼並表示歡迎，並帶引其至座位落座，交予所屬區域領班及服務員點餐前飲料。

4. 熟悉菜單上之項目及特餐。

5. 瞭解飲料、酒類名稱及調配辦法，並盡量推銷飲料及酒類。

6. 觀察餐廳內之一般活動，並將所發掘的任何特別事件向經理報告。

7. 隨時問候客人對於用膳之反應給予關懷，身兼餐廳主人，協助主管創造友善而有效率之氣氛，以確實使用服務之素質，使經常保持在最高水準。

9. 保持個人儀容之最高整潔。

五、調酒師主要工作說明

（一）工作注意事項

1. 營業前之準備工作及營業後之整理工作，依照規定之程序完成。

2. 參加經理或副理每天所做之簡報。

3. 依規定參加定期或不定期之在職訓練及會議。

4. 熟悉倉庫所有飲品及備品之清潔及位置。

5. 熟悉每月盤點之作業流程。

6. 遵守公司之規定。

（二）服務注意事項

1. 協助餐廳營運服務所有餐廳之客人所須之飲料。

2. 維持吧檯所有酒精飲料、非酒精飲料，以及所有備品之齊全。

3. 主要服務吧檯用飲料客人。

4. 隨時注意客人飲料是否需要續杯。

5. 協助餐廳，若客人點用其他部門所相關酒類或飲料，須主動服務並至該餐廳轉取。

6. 隨時保持吧檯之清潔。

7. 瞭解並熟悉常客之引用飲料之習慣。

8. 熟悉所有杯類之使用方式，並將所有遺失及破損維持最低。

9. 若餐廳在營運時間忙碌，必須隨時支援餐廳服務客人。

10. 認識並了解餐廳所有菜色。

11. 瞭解餐廳所有最新活動及相關內容。

12. 協助維持作業之順暢，並確實使服務之素質經常保持在最高水準。

13. 學習餐廳各方面之服務，而不忽視其應有之職責，並與其他人員協調一致。

14. 完全知悉公司所制定服務之觀念及水準。

15. 確使衛生經常保持在最高水準。

16. 保持個人儀容之最高整潔。

17. 隨時和場控保持聯繫。

六、服務員主要工作說明

（一）工作注意事項

1. 協助維持整個餐廳經常保持清潔無汙，並將需要修理或更新之處即刻報告經理或副理。

2. 檢查所有之器具均清潔、良好無缺口。

3. 經常保持所指定服務站之清潔及配備充足。

4. 盡量使器具之破損率及遺失率維持在最低限度。

5. 營業前之準備工作及營業後之整理工作，依照規定之程序完成。

6. 參加經理或副理每天所做之簡報。

7. 依規定參加定期或不定期之在職訓練及會議。

8. 學習餐廳各方面之服務，而不忽視其應有之職責，並與其他人員協調一致。

9. 完全知悉公司所制定服務之觀念及水準。

10. 確使各服務站之器具均維持於安全庫存量。

11. 確使衛生經常保持在最高水準。

12. 遵守公司之規定。

13. 其他臨時或特殊交辦事項。

14. 若有各部門來借銀器須經領班同意，並寫借條。

（二）服務注意事項

1. 歡迎及協助顧客入座。

2. 為客拉椅子，鋪放口布。

3. 為客倒水、送麵包及奶油。

4. 為客點飲料、餐食、酒，並予以親切服務。

5. 隨時為客提供額外的服務，例如：點菸、加水、換菸灰缸等。

6. 清除用畢的餐盤、餐具及桌面雜物。

7. 換新檯布並準備重新排放餐具。

8. 認識菜單上之每一項目，包括：每日特餐及主廚特選。

9. 保持服務站與服務區域於用膳時間內之整潔。

10. 於用膳時間內隨時補充服務站與服務區域之器具及用品。

11. 視需要協助其他區域之同事。

12. 協助維持作業之順暢，並確實使服務之素質經常保持在最高水準。

13. 保持個人儀容之最高整潔。

學後評量

一、餐廳組織的前勤單位及後勤單位所指為何？

二、酒吧經理的工作職掌為何？

三、宴會廳經理的工作職掌為何？

四、行政主廚的工作職掌為何？

五、餐廳經理要如何做好員工的工作管理？

Chapter 04

❦

餐飲服務設備介紹

餐飲設備與器皿的種類繁多，一個稱職的餐飲從業人員需做好設備與器皿的控管、降低破損率，不僅可以節省成本，在庫存管理與營運人事成本上，皆有很大的幫助。而在挑選餐飲服務的設備與器皿時，除了要注意美觀外更需注意使用及收納的功能，以下將介紹餐飲常見之設備。

4-1　餐飲服務設施介紹

一、餐桌、檯

（一）圓桌 (Round Table)

　　依照用餐人數的多寡可分為 2~6 人、8~12 人及 16~24 人圓桌，餐桌的理想高度為 75 公分。2~12 人之圓桌常見於一般中式餐飲，16~24 人圓桌適用於大型包廂貴賓室，一般宴會廳須備有 16~24 人圓桌，可彈性運用「組合式餐桌」，不但可增加桌面的使用率，收藏也較為方便。圓桌直徑超過 150 公分通常皆備有「轉檯」以方便取用食物。轉檯的直徑約為餐桌直徑減 60~75 公分，例如：直徑為 150 公分的圓桌其所搭配的轉盤約為 75~90 公分。

● 圖 4-1　2~12 人一般圓桌

● 圖 4-2　6~24 人大型圓桌

（二）方桌 (Square Table)

方桌常見的規格有 75×75 公分及 90×90 公分兩種，咖啡廳所使用的 2 人桌為 75×75 公分，西餐飲所使用的 4 人方桌為 90×90 公分。因用餐時使用的餐具較多，越正式的餐飲所使用的餐桌就越大。

• 圖 4-3　2 人方桌

• 圖 4-4　4 人方桌

（三）長方桌 (Rectangle Table)

長方桌的桌面寬度從 45~90 公分均有，長度則由 120~180 公分不等，一般在宴會廳使用的長方桌多為 90×180 公分；而國內餐旅技能檢定使用的長方桌為 60×180 公分。此類桌子附有摺疊式桌腳，方便收藏與搬運，並因宴會類型的不同，扮演不一樣的重要角色，例如：一般西餐宴會時作為餐桌使用、舉辦大型會議時，可供會議桌使用。

• 圖 4-5　長方桌

（四）服務桌 (Service Table or Sideboard)

　　服務桌的寬度大約為 75~90 公分，長度則為 150~180 公分，也可作臨時酒吧檯、分菜桌或自助餐桌使用，其功能可配合各種不同的需求做變化，不占空間易於收納，使用時只需鋪設檯布與桌裙即可。

● 圖 4-6　服務桌

（五）服務檯 (Side-station)

　　服務檯主要是服務人員工作上之使用，可放置服務時所使用之餐具與用品，例如：餐盤、托盤、水壺、各類杯具和點餐系統 (Point of Sales, POS)。主要功能在於減少服務人員往返廚房與服務現場的時間，由於用品項目繁多，若不能規劃整齊，反而會阻礙服務流程的順暢，故應依照餐飲的服務方式和整體呈現的考量，做不同的規劃作用。

● 圖 4-7　服務檯

（六）接待檯或領檯 (Reception or Hostess)

接待檯的功能為接受訂位，協助管控餐飲座位數、服務順暢及確認顧客的滿意度，通常皆放置訂席簿、餐飲平面圖與電話等。

● 圖 4-8　接待檯

二、餐椅 (Chair)

餐飲因類型、服務方式不同，所使用的餐椅也隨之不同，例如：法式餐飲用餐時間較長，所選用的餐椅為舒適且扶手的座椅。一般會議座椅高度約 45 公分，不設扶手，可整齊堆疊入庫存放，最好配附座椅手推車 (Chair Cart)，方便工作人員經常移動龐大的餐椅數量、安全運送與儲藏，不致造成傷害。

三、推車 (Trolley)

根據使用功能可將推車分為服務性與功能性兩種，例如：服務車 (Service Trolley) 與燒烤肉切割車 (Roast Beef Wagon) 是以服務性為主要的功能；而酒車、點心車、沙拉車等皆是展示功能較強，且易於推動移位，以引起顧客的食慾，達到銷售的目的。

（一）服務車／桌 (Gueridon Trolley, Service Trolley or Side Table)

Gueridon 是法文，意謂在用餐區域內使用推車 (Trolley) 或服務桌 (Side Table) 做食物的準備或服務。服務人員在推車桌面上放瓦斯爐或酒精燈及盛裝食物的餐盤、保溫器皿與餐盤等，進行桌邊服務。

• 圖 4-9　桌邊服務車

(二) 燒烤肉切割車 (Roast Beef Wagon)

　　常用於自助式餐飲或宴會，其功能是用來保溫、切割燒烤食物，服務人員可依照顧客所需的份量提供個人化的服務。推車上備有酒精燈或瓦斯爐以保持食物的溫度及鮮度，再加上車輪的設計，可增加服務的便利性。通常也會搭配玻璃罩或銀製半圓罩覆蓋食物。

(三) 桌邊烹調車 (Flambe Trolley)

　　桌邊烹調車是提供現場烹調的法式餐飲必須設備，主要配備是瓦斯爐、瓦斯桶、烹飪所使用的調味料品及伸縮的小桌面，桌面下備有櫃子，放置烹飪用具或餐具等物品。

• 圖 4-10　桌邊烹調車

（四）酒車 (Liqueur / Cocktail Trolley)

酒車屬於展示推車的一種，常用於酒類推廣的活動中，可達到展示與銷售推展的目的。通常分為兩層，上層是用來放置各類型的酒類飲品，下層則是準備相對應的酒杯及冰塊。

（五）點心車 (Dessert Trolley)

點心車主要功能是讓點心可以明顯地展示於顧客面前，藉此引起顧客的食慾，增加其購買慾望。上層的透明遮罩可避免點心或蛋糕受到汙染，又可完整地呈現於顧客面前。

● 圖 4-11　酒車

四、裝潢風格 (Interior Design)

設計餐飲裝潢之前，必須先決定餐飲的類型、菜單與供餐方式，不同類型的餐飲，必須營造出截然不同的用餐氣氛，例如：臺北亞都麗緻大飯店則以 30 年代裝飾藝術 (Art Deco) 的設計理念，強調色系與線條。由於空調、音響、照明、通訊、吧檯等硬體裝潢設備必須投入大量的資金成本，周詳的規劃才能避免不必要的資金流失。

五、電腦系統 (Computer Systems)

電腦系統包含硬體與軟體設備，硬體需以輕薄短小為宜，以減少空間的占用。餐飲或連鎖店多使用國內自行研發的套裝軟體，飯店餐飲管理系統則以 Micros 最具代表性。餐旅業最常使用的是餐飲資訊系統 (Point of Sales, POS)，此系統可依據點菜單上對應的按鍵輸入顧客所點取之飲料或餐點，自動列出消費明細、金額及其他額外費用，以便於餐旅業者利用數字資料做營運分析。雖然電腦化餐飲點菜系統利用電腦進行消費金額計算，但服務人員仍須注意在鍵入時是否有錯誤，並詳細核對顧客消費明細，以避免顧客超付款項或餐飲權益受損情況發生。

餐飲營運時使用餐旅服務資訊系統，可以減少服務人員計算金額的錯誤，以及製作銷售營運報表的時間。一般餐飲使用的 POS 系統，可記錄並隨時瀏覽每個顧客的餐點出餐狀況、價格、數量等等，並利用顏色區分餐點是內用、外帶或外送。旅館使用的 Micros 系統，可將顧客在旅館內的所有消費一覽無疑，例如：住宿天數、房價、餐飲，以及娛樂消費等等。此系統可以增加顧客在旅館消費的方便性，旅館也可將每個顧客住房與用餐的習慣記錄至系統中，當顧客下次訂房時，可參考之前的消費記錄來布置房間與安排點餐，讓顧客有賓至如歸的感覺。

4-2　餐具類介紹

餐飲所使用的餐具從傳統的瓷器、玻璃器皿、金屬餐具與布巾，到現代的一次性拋棄用品等，種類繁多。以下將介紹中、西式餐飲中常見之餐具：

一、西式餐飲的餐具

（一）扁平餐具 (Flatware / Cutlery)

1. 匙 (Spoon)

   (1) 橢圓湯匙 (Oval Soup Spoon)：指主湯匙，匙身呈卵形，尺寸約為 19 公分。

   (2) 圓湯匙 (Potage Soup Spoon)：主要配合湯杯容器盛裝的湯類使用，匙身近似圓形，尺寸約為 18 公分。

   (3) 點心匙 (Dessert Spoon)：主要功能為食用點心類，必要時可與主湯匙共用，匙身呈橢圓型，尺寸約為 19 公分

   (4) 服務匙 (Service Spoon)：又可教分勺、分匙，是一種大型匙，全長在 24 公分左右。主要功能為桌邊服務分派各種菜餚，須與服務叉一起使用。

   (5) 咖啡匙 (Coffee Spoon)：飲用咖啡時使用，主要功能為調和鮮奶與糖，尺寸為 8~10 公分。

   (6) 茶匙 (Tea Spoon)：飲用西式茶所使用，主要功能為調和鮮奶、檸檬與糖等，尺寸約 12~14 公分，比咖啡匙長。

(7)　冰淇淋匙 (Ice Cream Spoon)：是一種匙沿較方的匙，主要功能為食用冰品與果凍類食品，尺寸約為 10~12 公分。

(8)　小杯咖啡匙 (Demitasse Spoon)：一種精巧的小號匙。主要功能為飲用小杯義大利濃縮咖啡，尺寸約為 6~8 公分。

(9)　甜瓜匙 (Melon Spoon)：主要功能為食用西瓜、香瓜或哈蜜瓜，尺寸約為 19 公分。

橢圓湯匙　　圓湯匙　　點心匙　　服務匙　　咖啡匙

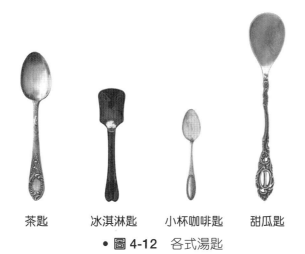

茶匙　　　冰淇淋匙　　小杯咖啡匙　　甜瓜匙

● 圖 4-12　各式湯匙

2. 刀 (knife)

  (1) 正餐刀 (Dinner Knife)：又叫大餐刀或主餐刀，主要功能為食用牛排以外的肉食，全長約 20 公分，和正餐叉配合使用。

  (2) 牛排刀 (Steak Knife)：一種刀身細長、刀片較薄且有鋸齒的刀，主要功能為食用紅肉類主食，如牛排、羊排或鴨胸等，並搭配正餐叉一起使用，尺寸約為 19 公分。

  (3) 小餐刀 (Appetizer Knife)：主要功能為食用開胃前菜，與沙拉、起司或水果共用，尺寸約為 19 公分

  (4) 切肉用刀 (Carving Knife)：一種較大型的開口刀，主要功能為切割各種燒、烤、滷、燻肉類菜餚，此類刀具限於桌邊服務人員使用，例如：燒烤牛排 (Roast Beef)，尺寸約為 30 公分。

  (5) 魚刀 (Fish Knife)：一般配合魚叉使用，主要功能為食用魚類主食，形如蛋糕鏟，主要目的為撥開魚類食物，故呈菱形且無鋸齒，尺寸約為 21 公分。

  (6) 奶油抹刀 (Butter Spreader)：作為塗抹牛油或果醬於撕下之麵包片上的抹刀，麵包不可用奶油抹刀來切割，用雙手撕下一口食用的份量即可，尺寸約為 15 公分。

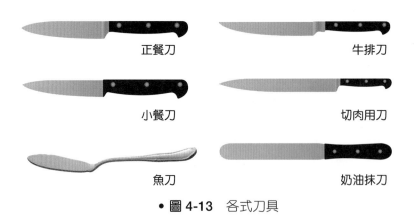

正餐刀   牛排刀

小餐刀   切肉用刀

魚刀   奶油抹刀

● 圖 4-13　各式刀具

3. 叉 (Fork)

(1) 正餐叉 (Dinner Fork)：又叫大餐叉或主餐叉，與大餐刀配何使用，主要功能為食用肉類，尺寸約為 20 公分。

(2) 小餐叉 (Appetizer Fork)：主要功能為食用開胃前菜，與小餐刀配合使用，與沙拉、起司或水果共用，尺寸約為 17 公分。

(3) 切肉用叉 (Carving Fork)：一種兩齒長叉，主要功能為切熟肉時固定肉塊，此類叉具限於桌邊服務人員專，尺寸約為 26~30 公分。

(4) 魚叉 (Fish Fork)：是一種三尖叉，主要功能為食用魚類主食，尺寸約為 19 公分。

(5) 服務用叉 (Service Fork)：一種大形的叉，主要功能為服務或分裝菜餚時使用，須與服務用匙 (Service Spoon) 共用，尺寸約為 24 公分。

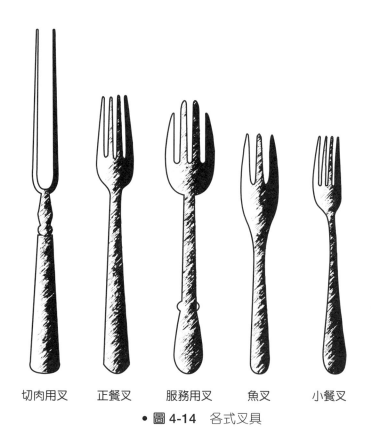

切肉用叉　　正餐叉　　服務用叉　　魚叉　　小餐叉

● **圖 4-14**　各式叉具

(6) 龍蝦鉗與叉 (Lobster Cracker/Pick)：一種特殊的鉗子和叉子的組合，主要功能為食用硬殼的海鮮菜餚，以利與取出殼內的肉，如龍蝦、螃蟹等，尺寸約為 21 公分。

(7) 田螺夾與叉 (Escargot Tong & Escargot Fork)：兩者配合使用，主要功能為食用帶殼蝸牛，尺寸約為 15 公分。（田螺的法文是 Escargot，英文則為 Snail)。

● 圖 4-15　龍蝦鉗與叉

● 圖 4-16　田螺夾與叉

二、中餐的餐具

（一）扁平餐具 (Flatware)

1. 筷子 (Chopsticks)：主要功能為夾取中式食物。

2. 筷架 (Chopsticks Rest)：主要功能為擺放筷子，有時與湯匙座連在一起。

3. 湯匙 (Soup Spoon)：主要功能為喝湯所用，尺寸約為 13 公分。

4. 湯匙架 (Soup Spoon Rest)：主要功能為擺放湯匙所用。

5. 味碟 (Sauce Dish)：主要功能為盛裝各式調味料。

（二）凹型餐具 (Hollowware)

1. 個人用餐具

   (1) 骨盤 (Side Plate / Service Plate)：主要功能為擺放個人份菜餚，直徑約為 15~18 公分（6~7 吋）。

   (2) 湯盅附蓋 (Casserole with Cover)：主要功能為盛裝各式湯類。

   (3) 口湯碗 (Soup Bowl)：主要功能為盛裝個人份湯汁菜餚或少量米麵主食，直徑約為 9 公分。

   (4) 飯碗 (Rice Bowl)：主要功能為盛裝米飯。

   (5) 茶杯 (Tap Cup)：主要功能為盛裝各式茶類。

2. 共用餐具

   (1) 圓盤 (Round Plate)：主要功能為盛裝各式菜餚，因菜餚分量多寡，使用不同尺寸的圓盤，直徑約為 25.5~45.5 公分（10~16 吋）。

   (2) 橢圓形有邊盤 (Oval Plate with Rim)：主要功能為盛裝海鮮、魚類等主食，長約為 20.5~45.5 公分（10~16 吋）。

   (3) 湯盅 (Soup Bowl)：主要功能為盛裝羹湯、米飯等。

   (4) 大湯碗 (Soup Tureen)：主要功能為盛裝各式湯類。

4-3 瓷器類介紹

一、西餐類瓷器

（一）盤 (Plate)

1. 主菜盤 (Dinner Plate or Main Dish Plate)：為盛裝各式主菜所用的盤子，直徑約為 25~30 公分（10~12 吋）。吃全魚時會以橢圓盤替代圓盤。

2. 湯盤 (Soup Plate)：主要功能為盛裝各式湯類與醬汁較多的菜餚，直徑約為 21~30 公分（8~12 吋）之深盤。

3. 服務盤 (Service Plate/Show Plate)：主要功能為展示、擺設、服務或是當作底盤使用，直徑約為 30~33 公分（12~13 吋）。

4. 橢圓盤 (Oval Plate)：為盛裝海鮮、魚類或是展示開胃菜所用的盤子。

5. 沙拉／點心盤 (Salad/Dessert Plate)：為盛裝沙拉、開胃菜及點心所使用的盤子，直徑約 20~23 公分（8~9 吋）。

6. 麵包盤 (Bread & Butter Plate, B & B Plate)：主要功能為盛裝麵包、奶油、果醬及其他調味料，直徑約為 15~17 公分（6~7 吋）。

（二）杯 (Cup)

1. 湯杯 (Soup cup)：主要功能為盛裝湯及粥類，容量約為 10oz。

2. 咖啡杯 (Coffee Cup)：主要功能為盛裝各式咖啡、奶酪或布丁，其杯身較直，容量約為 6oz。

3. 茶杯 (Tea Cup)：為盛裝各式茶類所使用的器具，其杯口較寬，容量約為 7oz。

（三）底盤 / 座 (Saucer)

1. 湯底盤 (Soup Saucer)：作為盛裝湯類器具的底盤。

2. 咖啡底盤 (Coffee Saucer)：作為盛裝咖啡杯的底盤。

3. 茶杯底盤 (Tea Saucer)：作為盛裝茶杯的底盤。

（四）碗 (Bowl)

1. 湯碗 (Soup Bowl)：主要功能為盛裝湯及粥類等食物，亦可與沙拉碗共用，直徑約為 15 公分（6 吋）。

2. 沙拉碗 (Salad Bowl)：主要功能為盛裝沙拉，直徑約為 15 公分（6 吋）。

3. 砂鍋 (Casserole)：可保溫並耐高溫，以保持食物烹調後的美味。

4. 碟子 (Dish)：主要功能為盛裝小菜或沾醬。

二、中餐類瓷器

　　中餐類瓷器皿的使用頻率相當的高，且造型具多樣化，不論是素面的餐盤或是有獨特設計的精緻圖騰，都可以讓每道菜餚成為餐桌上引人注目的焦點。以下將介紹中餐類瓷器相關注意事項：

（一）材質 (Material)

1. 陶器 (Crockery)

　　是以陶土作為原料混合後塑模成形，再利用燒烤即可製成。因製作過程簡單、燒烤溫度不高及耐震度不佳，故保存不易且破損率高，所以一般餐飲業很少使用。

2. 骨瓷 (Bone China)

　　其在製作過程中加了動物的骨粉，主要目的為增加器皿的硬度及透光度，且保溫效果佳，但其製作成本高。高價位之餐飲或飯店為其愛用者。

3. 強化瓷 (Porcelain)

　　瓷器經過高溫度強化處理後，硬度與透光度增加且不易破損，是一種實用、耐用的器皿。

4. 美奈皿 (Melamine)

　　是樹脂經由高溫、高溫塑造而成的，且具有瓷器的質感，又稱為「美奈瓷」。其可承受 –20℃ 低溫至 120℃ 高溫，價格便宜且不易破裂，使之受到一般餐飲業廣泛使用。

（二）選用標準

以厚、薄度的標準，薄、細為高級，但厚不一定較差。通常較高價位的餐飲皆選用高級骨瓷，一方面可以提高服務之品質，另一方面可增加餐點的附加價值。一般餐飲的消費較大眾化，常選用強化瓷，因具有耐撞的特性，可降低破損率。

（三）實用性

1. 可堆疊：在搬運各式餐具，可堆疊避免滑落，以減少破損以節省空間的使用，另一方面可節省服務人員的作業時間與訓練。例如：一般餐飲採用之咖啡杯，可以一個一個重疊。

2. 共用性：湯碗與咖啡杯雖然不相同，但可共用同一種底盤，增加方便性，以增加餐飲營運時的效率。

3. 注意瓷器的邊緣是否有做特殊的強化處理。

4. 要特別注意健康衛生，破碎的瓷器很有可能會隱藏細菌。

5. 瓷器必須要與餐桌上的其他用具相互搭配，且與餐飲的整體裝潢相互呼應。

高級餐飲選用器皿時，不一定要選用傳統型式，例如：圓形、單一顏色。可選用多邊形、浮雕或色彩豐富的器皿，以增加其美觀性。

 4-4　玻璃類介紹

一、西餐類玻璃

（一）直立平底杯 (Tumbler)

是指無腳座的平底杯，因其用途不同，杯子的形狀有所差異，詳述如下：

1. 可林杯 (Collins)：主要功能為盛裝兩種以上的基酒及其他飲品混合而成的飲料，例如：奇奇 (Chi Chi)、藍色珊瑚礁 (Blue Lagoon)，適合長時間飲用，所以又稱為 Long Drink Glass，容量為 12~4oz。

2. 高球杯 (High Ball)：主要功能為盛裝單一烈酒加軟性飲料或是果汁的飲品，在調酒的過程中應先加入冰塊，在加入烈酒，最後加入軟性飲料或是果汁，例如；琴湯尼 (Gin Tonic)、螺絲起子 (Screw Driver)，容量比可林杯少，為 8~10oz。

3. 古典杯 (Old Fashion)：主要功能為飲用任何烈酒加冰塊所使用的杯子，故又稱為 Rock Glass，容量為 6~8oz。

4. 純酒杯 (Straight Glass)：主要功能為飲用白蘭地之外的各式烈酒，容量為 1~3oz。

5. 啤酒杯 (Beer Glass)：啤酒杯的種類很多，大致可分為二類：

   (1) 細長杯 (Beer Pilsner)：在使用這類杯子飲用啤酒時，應即時喝完，因其杯口較大，啤酒的泡沫與空氣接觸多，泡沫會快速消失，容量為 10~14oz。

   (2) 馬克杯 (Beer Mug)：有手握把的杯子，主要功能為飲用生啤酒所用，容量為 10~14oz。

古典杯　　可林杯　　高球杯　　純酒杯

馬克杯　　細長杯

啤酒杯

● 圖 4-17　各式直立平底杯

（二）高腳杯 (Goblet)

是指有腳座的杯子，由3部分所構成：盛裝容器、腳架與基座。因其用途不同，杯子的形狀有所差異，詳述如下：

1. 水杯 (Water Goblet)：是最常用的杯類，為供應飲用水所使用的杯子。各餐飲的水杯容量不一，容量約為 8~10oz。

2. 白蘭地杯 (Brandy Snifter)：主要功能為盛裝白蘭地，杯身大、杯口窄，飲用時手掌托住杯身，利用手心的溫度溫熱酒液以散發其風味，容量約為 12~16oz。

3. 寬口杯 (Champagne Saucer)：可盛裝雞尾酒，杯身為半圓形的淺身寬口，因此不易保存酒內的氣體，在飲用香檳等含汽泡的酒類時應盡快飲盡。

4. 鬱金香杯 (Champagne Tulip)：杯身設計為細長型，其目地是為了讓香檳內的氣泡不易揮發，是引用高級香檳之指定用杯，容量約為 5~7oz。

5. 酸酒杯 (Sour Glass)：主要功能為飲用以烈酒加檸檬汁、糖水之調酒，以威士忌酸酒 (Whiskey Sour) 最具代表，容量約為 5~6oz。

6. 香甜酒杯 (Liqueur/Cordial Glass)：又稱為利口杯，主要功能為飲用各式香甜酒，容量約為 1.12oz。

7. 紅葡萄酒杯 (Red Wine Glass)：主要功能為飲用紅葡萄酒，杯口向內彎，因需呼吸結合室內溫度，故杯口較大，容量約為 6~8oz。

8. 白葡萄酒杯 (White Wine Glass)：主要功能為飲用白葡萄酒，杯型與紅葡萄酒杯相似，但比它小一號。因飲用白酒的溫度較低，每次供應的分量約為 2~3 口內飲用完畢即可，以免失去原有風味，容量約為 4~6oz。

9. 雪莉酒／波特酒杯 (Sherry/port Wine Glass)：主要功能為飲用強化性的葡萄酒，如：雪莉酒或波特酒，杯口外張，容量約為 4~6oz。

10. 愛爾蘭咖啡杯 (Irish Coffee Glass)：主要功能為飲用愛爾蘭咖啡，容量約為 5~7oz。

11. 雞尾酒杯 (Cocktaill Glass)：主要功能為裝各種經過搖盪調和過的雞尾酒，杯身為倒 V 形狀、淺身寬口，最經典代表為調馬丁尼專用杯，容量約為 4~7oz。

二、中餐類玻璃

　　玻璃容器有視覺穿透的效果，食物飲料的特質可藉由玻璃的光采引發味覺口慾，另一方面亦可提升產品的評價。目前市面上生產有色玻璃、花紋的玻璃杯，以供應不同類型餐飲的需求，但其缺點是容易破裂。消費額較高的餐飲可選用水晶玻璃，以增加其附加價值，一般大眾化餐飲可選用強化玻璃或普通玻璃。主要材質有以下 4 種：

(一) 普通玻璃 (Glass)

主要原料有矽砂，經過高溫融化及吹製，或是利用壓模成形。其成本較低，大量使用於餐飲業。

(二) 水晶玻璃 (Crystal Glass)

原料除了矽砂以外，亦添加了不同比例的鉛，又稱為「鉛玻璃」。最好的水晶玻璃是含有 24% 的鉛，因其透明度佳、光線折射漂亮。一般價位較高的餐飲會選用水晶玻璃作為食品盛裝用器皿。

(三) 玻璃瓷 (Fritted Porcelain)

是由玻璃微細晶體所集合而成，具耐磨性且化學抵抗性佳，適用於一般大眾化餐飲。

(四) 雕刻玻璃

是利用噴砂 (Sand Blast)、磨刻等技術在玻璃表面雕刻紋飾，以增加器皿外型的精緻美觀。

4-5 金屬類介紹

金屬原料因具有堅硬耐用的特性，固廣泛應用於用具器皿的製造上，其中以不繡鋼所製成的產品最為普通。在高價位之餐飲可選用鍍金或鍍銀之器皿，以彰顯其尊貴與崇高的地位，一般大眾化的餐飲可選用不繡鋼製品，以下介紹 3 種常見的金屬材質：

一、鐵

其熱傳導十分均勻，通常為各式鍋具的主要材質原料。在選購及使用鐵製餐具時，應注意是否有生鏽的現象發生，如果食用生鏽餐具所盛裝的食物會引起嘔吐、腹瀉等症狀。目前市面上的鐵製餐具，大多會在表面鍍上一層其他金屬，例如：金或銀等，主要是為了增加美觀及耐用性。

二、鋁

此類材質的餐具輕巧耐用，熱傳導快速，但因其質地較軟易變形，故在使用及搬運時須特別小心謹慎，此外也應避免烹煮酸性食物，以免腐蝕鍋壁。

三、不繡鋼

此類餐具的外型明亮、耐酸鹼且不易生鏽，是今日廚具的主流商品。其主要缺點為經火燒熱之後易呈焦黑色，而降低熱的傳導性。清洗時忌諱使用鋼刷清洗，以免產生刮痕影響外觀。

選購符合餐飲風格且耐用的餐具器皿之外，在貯存與保養時須依照各種不同材質的特性，做適當的清潔及保養維護，不僅能節省成本，還能創造收益。

學後評量

一、餐飲服務時所使推車有包含哪些？

二、中餐的扁平餐具與用途包含哪些？

三、中餐類瓷器可分為哪幾種材質？

四、西餐類玻璃直立平底杯可分為哪些？

五、中餐類玻璃材質可分為哪幾種？

MEMO

Chapter 05

餐飲服務禮儀
與用餐禮儀

🔔 5-1　餐飲服務人員的美姿美儀

　　餐飲服務人員因從事「餐飲服務」工作,對於餐飲服務禮儀、整體儀容與態度須特別注意,以下針對餐飲服務人員的儀表做圖解說明。

個人儀容

1. 身體:需每天洗澡,不讓身上產生異味,保持清潔乾淨的外表。
2. 口腔:需每天刷牙、注意口腔氣味,嚴禁嚼食口香糖、檳榔或吸菸。
3. 臉部:隨時保持臉部乾淨。女性應化淡妝;男性須每日刮鬍鬚。
4. 頭髮:經常梳理、保持自然髮型,不遮住額頭與臉頰。女性若留長髮, 應綁髮髻或髮網男性以短髮為原則,頭髮不可遮住耳朵。
5. 指甲:須經常修剪。女性需擦透明色指甲油;男性以清潔為原則。
6. 香水:女性可噴淡味道香水,男性可視情況使用止汗劑。

服裝穿著

1. 整體造型:不宜佩戴過多的手鐲、胸針、項鍊等裝飾物,眼鏡以透明鏡片為主,女性可佩戴耳環,大小不超過耳垂;雙手可配戴一只婚戒。
2. 制服:依照公司規定穿著、經常換洗,熨燙整齊。
3. 內衣:應以吸汗材質為主,勤於換洗,且不外露出制服外。
4. 襪子:
   女須穿接近膚色之絲襪。
   男黑色短筒襪子為主。
5. 鞋子:
   女黑色、低跟、舒適之包頭鞋為主。
   男黑色、低跟之亮面皮鞋為原主。

一、餐飲服務人員儀容

以下分別從「女性餐飲服務人員」與「男性餐飲服務人員」的儀容兩方面來討論。

（一）女性餐飲服務人員

1. 女性化妝的基本原則

白天的光線較強，溫度濕度較高，化妝品色系以能表現自然膚色的色系為主，反之在夜晚上班，就可以選用較為濃烈、深色系列的彩妝，以表現女性撫媚的氣質。女性主管可以多一些表現，基層女性員工仍不宜濃妝豔抹。

2. 女性的儀容特色

女性的儀容特色包括：個人風格、髮型設計與個人氣質三大部分：

(1) 個人風格

指個人的衛生習慣與口腔衛生，女性服務人員須以簡約典雅的「香氛」為宜，便能展現出個人風格。

(2) 髮型設計

女性應搭配整體適合的髮型以方便整理、大方素雅為宜，並選擇適合自己臉型、特質的風格設計。

(3) 個人氣質

儀容是「氣質」最主要的部分，氣質全靠後天培養，而最好方法就是多讀書並參與藝文活動，言談舉止自然高雅大方便可展現個人氣質。

以下將女性儀容特色重點列表，如表 5-1 所示：

● 表 5-1　女性服裝儀容標準

項目		儀容、搭配標準
頭髮	瀏海	長度需在眉毛 1 公分以上，或用髮膠梳理，以保持額頭清爽。
	顏色	頭髮顏色，以黑色及深棕色為主，不可挑染怪異顏色。
	髮飾	以深色無珠或亮片的髮飾。
	長髮	一律盤起於後腦紮成髮髻，避免頸部、臉頰或背部有細髮散落。
	中髮	髮長未及肩者應梳理整齊、兩側頭髮不可散落遮住臉頰。
	短髮	應將雙耳露出，兩側頭髮不可散落遮住臉頰。
臉	耳	戴圓鈕耳環，並一耳一只（營業單位另有規定遵守其規定）。
	眼鏡	細框無色鏡片或無色隱形眼鏡。
衣	名牌	配戴左胸前。
	顏色	依照員工制服標準，主管人員需穿著深色正式套裝。
	服裝	制服應隨時保持乾淨整齊。
	襪	膚色絲襪。
	鞋	鞋面應隨時擦拭乾淨，黑色素面、勿穿高跟或完全平底。
化妝	口紅	選擇淡色系。
	粉底	選擇淡妝脂粉。
手	手錶	設計不應過於誇張、錶面不宜過大。
	指甲	須隨時清理乾淨，長度不可長於指尖及禁擦指甲油。
	戒指	可戴一只，飾樣不可鑲鉗、誇大。
	手飾	為工作方便請勿配。

（二）男性餐飲服務人員

1. 整髮

　　男性頭髮須隨時保持乾淨，不可有頭皮屑或塗抹太厚重的髮油，頭髮的長度也不可太長，須經常梳洗修剪，保持頭髮的自然服貼及清爽的感覺。

2. 鬍鬚

　　男性的鬍鬚應該要每天刮除，在刮除鬍鬚後，可以選用適當的刮鬍水或者味道不重的古龍水，不可用太濃烈味道的香水。

3. 面容

男性較容易流汗須經常洗臉，也可以選用適當的保養品來保養皮膚。配帶眼鏡的款式不宜太花俏。

4. 手部

指甲過長容易藏汙納垢應經常修剪，並養成洗手的習慣，若手部有受傷，要適當包紮，並且避免直接接觸水及食物。

以下將男性儀容特色重點列表，如表 5-2 所示：

● 表 5-2　男性服裝儀容標準

項目		注意事項
頭髮	瀏海	長度需在眉毛 1 公分以上、或用髮膠梳理，以保持額頭清爽。
	顏色	頭髮顏色，以黑色及深棕色為主，不可挑染怪異顏色。
	髮型	頭髮必須服貼整齊，不可蓬鬆雜亂。
		兩側頭髮長度必須在耳上，不可覆蓋雙耳。
		頭髮不可過長而碰觸衣領。
臉	鬍鬚	必須刮乾淨。
	耳	勿佩戴任何耳環。
	眼鏡	細框無色鏡片或無色隱形眼鏡。
衣	名牌	配戴左胸前。
	顏色	依照員工制服標準，主管人員需穿著深色正式套裝。
	服裝	制服應隨時乾淨整齊。
	襪	黑色紳士襪。
	鞋	鞋面應隨時擦拭乾淨，黑色素面皮製皮鞋。
手	手錶	設計不應過於誇張、錶面不宜過大。
	指甲	須隨時清理乾淨，長度不可長於指尖。
	戒指	可戴一只，飾樣不可鑲鉗、誇大。
	手飾	為工作方便請勿配。

二、端莊的行為舉止

優雅的姿態能展現個人的氣質與魅力，我們需從日常生活中注意各種姿勢、行為，才能累積出個人獨特的品味，以下分別從生活中的美姿美儀，以及男、女性餐飲服務人員應有的儀態做介紹：

（一）女性的儀態

1. 正確的站姿

頭部自然擺正，下巴微向後收，頸部自然垂直。肩膀放鬆，兩臂自然下垂，或雙手交叉放在小腹前，但指尖仍應併攏。女性最優雅的站姿，應將雙腳站成「丁字型」，即兩腳尖向外分開，以左腳跟向後收，使右腳的腳後跟靠近左腳內側（右側）的中間部位，略成丁字型的姿態，可掩飾 O 型腿的明顯缺點。身體自然略微向左邊側一些角度，但兩眼仍應正視前方（圖 5-1）。

2. 正確的坐姿

入座的方向，因為多數人是慣用右手，以右手拉椅子，所以自然是從左側進入座位，為方便出來的時候，以右手拉椅子，因此也是從左側方向出座位（圖 5-2）。

● **圖 5-1** 正確站姿

● **圖 5-2** 入座位置

　　入座的姿勢，是站在座椅的左側，將右腳移到椅子正前方，在椅子前面站直，再從右側確認椅子的位置，臉微向後方檢視方向，用雙手拂好裙擺，再輕輕坐下，才是正確的坐下姿勢。如果是穿著長褲，拂裙擺的動作仍不可少。入座之後再調整座椅的前後距離，使自己看起來大方。

　　坐下後兩腳應挪正，兩腳的膝蓋與腳跟均應靠攏。也可以將其中一腳放在另一腳跟之後，或者是膝蓋與腳跟均靠攏後斜放，適合較低的座位或沙發、椅子等坐姿。坐下之後的姿態，上身的姿態呈背部與頸部自然挺直，顯出精神抖擻的儀態（圖 5-3）。

　　如果是坐辦公桌的話，原放在大腿上的雙手，這時應該放在桌上，椅子靠近桌子，使身體與桌子相距約一個拳頭寬（約 15~20 公分）的距離，且任何情況均不可倚靠桌子。腰部以上、背脊和頸部都保持挺直。眼睛距桌面最恰當的高度是30~40 公分，以免桌燈刺激眼睛造成近視（圖 5-4）。

● 圖 5-3　餐桌前坐姿　　　　　　● 圖 5-4　辦公桌前坐姿

（二）男性的儀態

1. 正確的站姿

男性站立時，應兩眼正視前方，下巴微向後收，頸部自然垂直，兩肩放輕鬆，雙手自然下擺，手指併攏落握拳或緊貼褲縫。收小腹、背脊挺立，膝蓋打直並儘量靠近，腳跟靠攏，兩腳尖向外張開成腳度 45 度（圖 5-5）。

2. 正確的坐姿

宜從左側靠近，從右側確認位子，再輕輕坐下。如果是單排扣的西裝或禮服，可以解開上裝扣子，待起立時再扣緊。坐下後兩腳挪正，腳跟與膝蓋可略與肩齊，但不宜張開太大，是跟女性坐姿不同之處（圖 5-6）。

● 圖 5-5　男性正確站姿　　　　　● 圖 5-6　男性正確坐姿

（三）正確的走姿（男女適用）

　　雙腳應筆直、腳尖朝前，勿呈過度內八或外八字。腳部自然擺動，腿部在著地時呈伸直狀，而且是以後腳跟先著地。正確的走路姿勢可以自然流露出自信和精神抖擻的氣質。

　　雙手隨雙腳自然交錯擺動，幅度前擺大約成角度45度，後擺約為角度15度。手部不可以左右晃動。步伐距離約與腳掌長度相當，且與呼吸韻律配合；步姿輕盈，絕不拖腳後跟，弄出拖拉鞋跟的聲音。

　　背脊應挺直，抬頭挺胸、下巴後縮，臀部向內收斂且收小腹，兩眼平視正前方，勿左顧右盼。在上下樓時，上身仍應挺直而且平衡，不可前傾或後仰，兩眼前視目標，不要低頭看地上，看似垂頭喪氣。

● 圖 5-7　正確走路姿勢

5-2 餐飲服務禮儀

一、敬禮與答禮的儀態

（一）敬禮的原則

敬禮已成為人與人之間必要的禮節之一，以下將敬禮的原則羅列於下表，如表 5-3 所示。

● 表 5-3 敬禮的原則

敬禮的基本原則	敬禮的方式
・ 男士應向女士敬禮。 ・ 年幼者向年長者敬禮。 ・ 資淺者向資深者敬禮。 ・ 位低者向位高者敬禮。 ・ 未婚女子向已婚女子敬禮。 ・ 後來者向先到者敬禮。 ・ 個人向團體敬禮。	・ 地位、年齡、資歷相若者，則「相互敬禮」。 ・ 一般敬禮行「頷首禮」、「鞠躬禮」。 ・ 室內敬禮都應脫帽行之。 ・ 受禮者也應即刻答禮。 ・ 敬禮及答禮均應儀態端莊，大方為之。 ・ 微笑是所有敬禮的最佳催化劑。

（二）敬禮的方式

在餐旅業較常見的敬禮方式，有下列幾種，分別說明：

1. 頷首禮

又稱為點頭禮，其基本原則如下。

(1) 平輩相遇可在行進間行頷首禮，如果是遇見長輩，則應站定後再行禮。

(2) 一般上對下，可以點頭行禮，反之若下對上，就較不合適，除非非常熟識，否則仍以鞠躬禮較佳。

(3) 女性初次與陌生男性相見面時，可以頷首禮代替握手禮。

(4) 軍人不宜行頷首禮，但室內脫帽則不在此限。

(5) 互不相識者，見面也可點頭行禮，以示禮貌。

2. 鞠躬禮

此種禮較流行於中、日等亞洲國家，歐美人士較不採用，注意事項如下。

(1) 鞠躬禮姿勢須「立正」為之，一般情況行鞠躬禮，只要上身傾斜 15 度，對國旗及國家元首等特殊情況，則以傾斜 30 度為之。

(2) 鞠躬禮必以脫帽為之，並且應行注目禮（目視對方），以示敬意。

(3) 國內的慶典、祭禮、升遷佈達等場合，普遍均行三鞠躬禮。

(4) 覲見元首，步距 5 步前行一鞠躬禮，辭退亦同。

(5) 晉見長輩，步距 3 步研行一鞠躬禮，辭退亦同。

(6) 回教國家並不行鞠躬禮，若有東西方其他國家行此鞠躬禮，均以一鞠躬為限。

3. 握手禮

現代社會最普遍的敬禮中，以握手禮最常見。行握手禮注意事項如下。

(1) 握手時可輕微上下搖動，不宜左右搖擺。

(2) 戴手套者應先脫掉手套，唯女仕行握手禮時不在此限。但若遇有地位崇高者，仍以脫去手套為宜。

(3) 男女握手，應由女方先行示意，方可為之，切勿主動向女性要求握手。

(4) 男仕之間握手，有力表示親切，與女性握手則應輕柔才有禮。

(5) 遇有長輩，亦不宜先伸手，對方示意才可為之。

(6) 有許多人在同一現場，宜依不分尊卑逐一握手。

(7) 主客之間，應由主人先示意，才行握手。

(8) 與人握手時，兩眼應凝視對方，以示禮貌，不可左顧右盼。

4. 吻手禮

在拉丁語系的國家及英美以外的歐洲國家，吻手禮都很普遍。國情不同，在內仍不多見，可針對外國女性為之，其注意事項如下。

(1) 女性若沒有示意，男仕絕不可主動強吻。

(2) 男士向貴婦行吻手禮，可稍傾前身並將手伸出，手指自然下垂；男仕須輕柔地牽引女性的手指，稍稍提起後再輕吻其手背。

(3) 男士切不可對未婚女子行吻手禮。

(4) 除在正式的社交場合之外，在一般公共場所及街頭巷尾，都不適合行吻手禮。

5. 擁抱禮

在外交場合最常見到這種擁抱禮，例如：兩國元首或總理，在正式場合相互擁抱，以表示親切，而且多以手輕拍對方背後，更能顯示熱忱。這種擁抱禮在中東及中南美各國，甚至於東歐俄國都非常普遍，但國內民情較保守，故不常見。這種擁抱禮不但行於男女之間、男仕之間甚至於女仕之間，都可以行禮如儀。

6. 親頰禮

跟擁抱禮相類似的情況，在歐美、甚至中東地區都很流行，但東方社會較不常見。親頰禮由男仕或女仕主動都不算失禮，一般而言只親其右頰者，僅表示友誼，但若除了右頰之外，再親其左頰，就不僅是象徵友好而已，這表示彼此可能是非常親密的至親好友，才會有這款熱情的表示。

五、餐飲服務基本禮儀

（一）一般國際禮儀的遵守原則

一般國際服務禮儀請參見表 5-4 所示：

● 表 5-4　一般國際禮儀

項目	說明
尊卑有序原則	1.　2 人同行時： 以前者為尊，後者為卑，若有引導人時，如服務人員，則應走在顧客前方引導，並將旅館餐廳之途徑或路況加以說明。 2.　3 人同行時： 若全為男性或女性時，以中間為尊，再以尊右原則區分尊、卑。 3.　多人同行時： 在最前面者最尊位，再依尊右原則區分，最後者為最低位。
男女有別原則	1.　女士優先原則：當 3 人同行時，若為 1 女 2 男，則女性居中；若 2 女 1 男，則男士走在最靠外側（例如：靠近馬路邊）。 2.　若 1 對男女，則男左、女右，以右為尊位。
一般徒步的儀態	1.　走路的姿態應該要能抬頭、挺胸，精神煥發，不要低頭、喪氣、彎腰駝背。 2.　走路要集中注意力，隨時注意賓客狀況與館內的路況，但不可左顧右盼。 3.　雙手自然擺動，走路時不可將雙手放褲腰袋。 4.　如果走路想要超前其他的賓客時，應從側面繞行，並說「對不起」提醒。 5.　走路時如遇同事或賓客，應該點頭，或請安問好，不可視若無睹。 6.　為避免擋人去路或發生肢體碰撞，應養成靠右行走習慣，避免產生衝突。 7.　尊重國家規範：例如某些國家靠左走，也應該入境隨俗。

（二）餐飲基本服務禮儀

　　餐飲基本服務禮儀請參見表 5-5 所示：

● 表 5-5　餐服基本服務禮儀

項目	說明
問候禮儀	1. 當顧客走進餐廳時，服務人員應立即迎接，並做適當的問候。 2. 問候時，兩眼應注視顧客，並面帶微笑，向顧客鞠躬或點頭，以示尊重。
迎送禮儀	1. 當顧客至餐廳門口時，接待人員要以愉悅心情，面帶笑容迎接。 2. 當顧客要離開時，應面對顧客表示謝意。
引導禮儀	服務人員應先趨前禮貌的打招呼，再走在顧客的左前方或斜右方，以右手或左手掌併攏傾斜 45 度，手臂伸直，指示前進的方向。
上下樓梯禮儀	1. 上樓梯時，顧客走在前方，以防顧客不慎跌落。 2. 下樓梯時，讓顧客走在後方，以隨時保護。
搭乘電梯禮儀	1. 服務人員應先進入電梯，並靠邊站，面向門，按住「開」的按鈕，再請顧客進入。 2. 出電梯時，先按住「開」的按鈕，再請顧客先走，服務人員再走出電梯。
談話禮儀	1. 以得體有禮的方式稱呼顧客，以建立顧客對餐廳的良好印象。 2. 顧客之間在談話時，不可趨前旁聽，若有急事告知時，應說聲「對不起」，再表達你要說的話。
拉椅入座禮儀	入座的方向為左入左出，因此拉椅子的時候，服務人員應將椅子著左後方拉，當客人入座時，再將椅子往前推送到適當的位置。
介紹禮儀	1. 將位低者介紹給位高者。 2. 將年少者介紹給年長者。 3. 將賓客介紹給主人或上司。 4. 將個人介紹給團體。 5. 將男士介紹給女士。
名片禮儀	遞名片時，應以正面朝向對方，以雙手遞上，接收名片者，應仔細看過一遍，也可以試念一遍。
電話禮儀	服務員在電話鈴響二聲後（亦即第三聲時）接起電話。掛電話時應待對方掛完電話後，再輕輕掛上。
其他禮儀	1. 握手禮：服務人員不可主動與顧客握手，若顧客主動伸手時，則應以禮相待。 ＊女士或長輩沒有伸手請握時，不得伸手以免失禮。 2. 點頭禮：一般的服務人員在工作時遇到顧客，則以點頭示意即可。

5-3 中、西餐飲用餐禮儀

　　無論是中式或西式餐飲都有其基本的用餐禮儀，在不同國家文化的發展下，不同的習俗也有著不同的用餐方式，在臺灣基本上分為中、西式兩大類餐飲，其用餐禮儀也截然不同，在學習做為一位稱職的餐飲服務生之前，可以先認識日常的用餐禮儀，在日後進入餐飲業後能更自然的為客人服務。

一、中式基本餐桌禮儀

（一）用餐前

1. 就坐時，年幼者須幫年長者服務，男性應為女性服務，不論是搬椅子、舀湯、夾菜、斟酒等。

2. 隨身衣物過多，應先寄放，以免妨礙用餐。

3. 溼紙巾或毛巾使用後，要疊好輕放在盤子上。

4. 餐巾或口布須等主人攤開使用後，才可將它攤開擺在膝上。

5. 餐巾類不可用來擦拭餐具，也不可擦鼻涕。

6. 菜餚須由主賓開動後，其他人才可動筷。

（二）用餐時注意事項

1. **動作舉止**

    (1) 注意長者及女士優先。

    (2) 應避免產生噪音，出入若須轉移椅子，切記不可在地上拖拉，以免造成尖銳聲響。

    (3) 不可大聲喧譁，交談以對方可聽到的音量為主。

    (4) 應選擇適當的話題交談。

    (5) 兩臂儘量靠近身體兩側，張開也以不妨礙他人用餐為主。

    (6) 賓客與主人的用餐速度要互相配合。

(7) 不可於中途點菸、吸菸。

(8) 盡量避免打噴嚏、咳嗽，若忍不住，應以餐巾摀住。

(9) 遇到服務人員前來服務時，應先暫停原來動作，以示尊重。

(10) 若須呼叫服務人員時，舉手示意即可，不要有任何發出聲響或誇張的動作。

(11) 口中一次不要塞太多食物，當有食物在口中時，也應先嚥下再開口說話。

(12) 喝湯時不可發出聲響，更不可用自己的湯匙到大湯碗舀湯。

(13) 不可將裝有麵食的碗端起來直接喝，更不能發出聲音。

(14) 旋轉轉檯的方向，應由主賓的位置向左轉動，也就是以順時鐘方向旋轉。

(15) 個人所使用的餐具杯盤不可隨意放在轉檯上。

(16) 旋轉轉檯時，要先確認是否有別的客人正在取用菜餚。

(17) 旋轉轉檯時，不可速度過快或力道過猛，以免器皿外飛或碰撞周圍餐具。

2. 使用菜餚

(1) 避免破壞前菜料理上的整潔，因前菜是表現廚師手藝的菁華，是非常講究的料理，須小心取用。

(2) 夾菜時，以夾取自己眼前的菜為主，不可翻動盤中菜餚，更不可越過對面。

(3) 夾菜或站起來伸長兩手至遠處夾菜，這些都是很不禮貌的行為。

(4) 不要以個人使用的餐具夾菜，要使用服務叉匙或公筷母匙。

(5) 夾取菜餚時，不可一手拿餐具、一手拿骨盤，應將骨盤放在轉檯上裝菜餚。

(6) 夾取菜餚應適量，自己喜歡吃的菜餚也不可多取。

(7) 取湯汁較多的菜餚時，取菜盤須靠近大盤去接。

(8) 盡量一道料理配一個專用的取用盤，以免使味道混淆。

3. 使用餐具

(1) 不能用手拿著骨盤用餐。

(2) 盡量以右手拿筷子，若慣用左手者，在使用時應避免干擾鄰座賓客。

(3) 正確的使用筷子，將筷子並排至食指一、二節及中指第一節之位置上，再將大拇指第一節中部輕壓至筷子上，再以無名指尖抵住 裡面的一支筷子，後再以中指為支點，自然張合（圖5-8）。

● **圖 5-8　拿筷子姿勢**

(4) 使用中的筷子，以搭配筷架縱放為原則，不可把筷子架在盤緣或碗緣上。

(5) 以口含筷、以筷扒菜、以筷叉物、以筷指人或物，都是不雅的動作。

(6) 拿酒杯飲酒時，要先將手中的餐具放下。

(7) 酒杯應擺在固定位置，且小心取用，以免打翻。

(8) 儘量用湯匙來搭配筷子用餐。

(9) 要用右手使用湯匙時，須先將筷子放下，不要出現右手拿筷子又拿湯匙的動作。

(10) 用麵食時，先用筷子夾麵條，再放在湯匙中享用。

(11) 喝湯必須使用湯匙，每次只舀一口的分量。

(12) 湯匙要放在湯匙架上，或原來擺放的湯碗內。

(13) 用湯匙時，不要發出餐具碰撞的聲音。

(14) 面前骨盤上的菜餚必須全部吃完。

(15) 使用筷子進餐時，碗盤絕不可拿在手上，必須從骨盤上夾一口送至口裡。

(16) 口裡有小骨頭時，可用餐巾掩口，以筷子取出，放置骨盤上。

(17) 骨盤可用來放菜餚、菜渣、骨頭等，不要將任何殘餘物放在桌面上。

(18) 肉或蔬菜等配料若太大，可在碗內夾成一口大小再吃，不可放進 嘴裡再咬。

(19) 吃粥也是同樣的要訣。

（三）用餐後

1. 中途要離座時，應先向左右共餐者說聲對不起後離座。

2. 不要當眾剔牙，更不可以手指剔牙，如非得已，應至化妝室處理或以手遮口鼻，背對其他客人。

3. 用餐時，應注意個人之舉止動作及清潔衛生，並隨時保持良好的吃相。

二、西式基本餐桌禮儀

（一）入座

1. 到正式的西式餐廳用餐時，最好選擇較正式的服裝，男士以深色 西裝為主，女士則適合穿著高雅的洋裝、套裝，但切記別使用太濃烈的香水，以免混淆了料理本身的香味。

2. 走在餐廳內要放輕腳步，且避免東張西望。

3. 入座前，女士優先，男士有義務為女士服務，別忘了替女士移開椅子，請女士先坐下，自己再由座位的左側入座。

4. 皮包應該掛在椅背，或放在隔壁空著的椅子上，皮包與料理同桌 是非常不禮貌的。

5. 一般皆由左側入座，也由左側離座。

6. 坐下後，身體與桌邊保持一個半拳頭左右的距離。

7. 坐下後要將背伸直，不可彎腰駝背、斜坐或雙腳交叉。

（二）點菜

1. 點菜數量必須與用餐人數相符合，且尊重主客與主人之決定。

2. 若是使用單點菜單時，要依照套餐的順序來點菜，不要更換點菜順序。

3. 對不懂的菜餚，可請教服務人員，並耐心傾聽服務人員推薦之料理。

（三）餐巾之使用

1. 要等主客打開餐巾後，其他 人跟著才能打開餐巾。如果沒有主客，則可在點菜過後 或送上餐前酒後才打開。

2. 餐巾要放在腿上，而不是圍在脖子上或塞在領口。

3. 用餐巾來擦拭嘴部時，不要用力擦磨，最好用輕壓的方式。

4. 玻璃杯上的口紅印要用衛生紙來擦拭，不可用餐巾擦拭。

5. 中途要暫時離席時，可將餐巾摺成四等分放在盤子下，或摺成長方形放在椅背上。

（四）用餐時刀叉之使用

1. 刀叉的使用順序是從外側開始。

2. 刀叉齊用時，右手持刀，左手持叉。只使用叉子時，也可以右手來拿。

3. 切肉時，以拿刀之右手食指輕壓刀背來使用，而刀柄要握在手掌中。

4. 叉子可以叉齒朝下，以食指輕壓叉背方式來壓食物或叉食物，也可以叉齒朝上，像握鉛筆方式來舀豆類或米飯。

5. 餐刀只能用來切割食物，千萬別以刀代叉，用刀將食物送到口中。

6. 使用刀子切食物，必須先將刀子輕輕推向前，再用力拉回並向下切，這樣就不會發出刺耳的聲音了。

7. 菜餚要切成一口大小食用，剩下的菜餚要吃時再切。

8. 進餐中刀叉的擺置法，應是把刀擺在盤上右側、叉在左側，兩者呈八字形。

9. 用餐完畢的刀叉擺置法，是將刀叉並列盤中呈 4 點 20 分的時間擺置，叉在位置裡側，如有湯匙，就放在最下方。

10. 餐具一旦使用，就不宜擺回原來餐桌上所擺設的位置，應按照上述的方式擺放，以免弄髒桌面。

11. 湯匙的拿法和拿叉子的方式相同，如右手握鉛筆的方式。

（五）取用前菜之禮儀

1. 吃西餐，記得要抬頭挺胸，在把面前的食物送進口中時，要以食物就口，而非彎下腰以口去就食物。

2. 食用前菜時要注意較特別的菜餚，例如：吃生蠔時，在滴上檸檬汁之後，以左手拿住生蠔殼，右手拿生蠔叉挑出生蠔食用。若是食用田螺，左手先以田螺夾固定田螺，再以田螺叉旋轉挑出螺肉食用。若是弄髒手指，先在洗手盅清洗後，再以餐巾擦拭。

3. 食用魚子醬時，若是放在盤中端上桌，可以湯匙舀食；若是點綴在烤麵包上，則可以用手拿取；若是與麵包分開上桌，則可以用 刀子將魚子醬塗在麵包上食用，但須注意避免使用「銀質」餐具（因銀有氧化作用，會破壞魚子醬特有的風味及香氣，多用「貝殼湯匙」食用之）。

4. 如果鵝肝醬和麵包一起上桌，可以用叉子把鵝肝醬放在麵包上食用。

5. 食用鮮蝦雞尾酒時，先以左手按住杯子底座，再以右手拿叉子取用。

（六）喝湯之禮儀

1. 西餐喝湯最大的禁忌就是發出聲響，喝湯禮儀依盛湯容器的不同而異。若是有手把的湯杯，食用後不可將湯匙放在杯中；淺湯盤則須由內向外舀食，若快接近盤底不好舀食，可用左手稍微提起盤邊，朝前面斜著盛舀，喝完同樣將湯匙擺放在湯盤之中。

2. 用湯時，不可噘起嘴來用力把湯吹涼。

3. 使用完甜品、咖啡、湯時，要記得將湯匙放在托碟上。直接放在湯碗、杯子中或擱置餐桌上，都是不禮貌的。

（七）取用麵包之禮儀

1. 放置麵包的位置一定是置於主菜的左側。

2. 若是要取用麵包，餐具左側的麵包是屬於你可取用的。

3. 以左手拿麵包，用右手撕成小塊，再以左手拿這小塊麵包，右手塗奶油。

4. 塗抹奶油時，若不是共用一支奶油刀，就是有自己的奶油刀。若是都沒有的話，可使用餐刀代替。必須注意不可獨占共用的奶油刀。

5. 麵包的取用多在用過湯之後，到最後料理之間皆可食用。若是麵包不夠，可再要求供應。

🔔 5-4 各式餐飲用餐禮儀

一、取用各式主菜之禮儀

1. 食用帶骨全魚時，先以魚叉壓著魚，以魚刀在魚肉中央橫切一線，切下靠身邊的魚肉，再切成大小適中。吃完後，再依序切下另一邊魚肉，以魚刀伸入魚骨下面，挑起魚骨，將魚骨放在盤上後，再切食下側的魚肉。

2. 若口中有魚骨，不可以手取出，應以叉子放在嘴邊取出，或以餐巾遮口，用手把魚骨取出。

3. 食用蝦類，先以叉子壓著蝦頭，以刀子切除頭部與蝦身連接處，再以刀子切入殼與肉之間，剝出蝦肉；再從蝦尾部分做同樣動作，最後叉起蝦肉，切成適當大小食用。

4. 食用牛排時須注意牛排燒烤的熟度：

    (1) Raw：全生，是未加熱處理的生肉。

    (2) Rare：二分熟，只燒烤表面，中間是血淋淋的生肉。

    (3) Medium Rare：三分熟或半生熟，內部成桃紅色有血水。

    (4) Medium：五分熟或半熟，外表全熟，內層粉紅略帶血。

    (5) Medium Well：七分熟，外表暗色，內有肉汁。

    (6) Well Done：全熟，外表全熟，內部暗色無汁。

5. 使用牛排刀搭配餐叉來進食，右手持刀縱切一塊吃一塊，不要一次全切成小塊，會使食物失去美味。

6. 吃帶骨肉類時，以餐叉壓著肉的左側，以餐刀沿著骨頭旁邊切入，先切下靠身前的部分，再切成小口食用，而切下的骨頭要放在盤子的對側。

7. 食用串燒時，先用手以餐巾抓住鐵串圈環，右手以叉子一一將食物取下，將鐵串放在盤子對側，將肉塊切成適當大小食用。

8. 食用配菜時，可用叉子來進食。

9. 須使用刀叉來食用沙拉，先將過大的菜葉切成適當大小，再以叉子叉食，食用時佐料湯汁不要滴下來。

10. 食用麵條時，可先用叉子捲幾圈，再送入口中。

11. 搭配菜餚的調味汁或佐料，例如：沙拉醬等稠狀調味汁，應倒在盤內沒有菜餚的地方，不要直接淋在菜餚上；而奶油調味汁等液狀調味汁，則輕輕淋在菜餚上。

二、取用餐後甜點、水果之禮儀

1. 食用水果時，若是果皮與果肉已被切開，則直接可從左側切來享用；若水果皮肉未切開，則須先以叉壓著果肉左側，右手持刀從右側切入，然後從左側一口切下來食用。

2. 食用葡萄時，左手拿葡萄，以刀劃十字切口，去籽去皮後食用，葡萄籽可先以叉子或手承接，再放在盤子上。

3. 若是食用葡萄柚，通常會使用鋸齒狀的湯匙來舀取果肉。

4. 食用梨或蘋果類水果，先用刀切成四瓣，再用刀去除果核，切成小塊食用。

5. 原則上食用水果應配合餐具取得果肉。

6. 三角形的蛋糕應從銳角部分開始吃，切一塊吃一塊。

7. 食用冰淇淋時，可用湯匙從身前部分先吃起。

三、進餐中禮儀

1. 咀嚼食物時，要閉上口，而且別說話。

2. 使用洗手盅時，不要雙手齊下，單手個別清洗，之後以餐巾擦拭。

3. 別在用餐時打嗝，如果你忍不住要打嗝時，也記得閉緊嘴別出聲。

4. 吃東西時別把盤子拿起來，甚至於在吃東西時用手持盤也是不禮貌的。

5. 吃完面前的食物後，記得別把盤子推開。西餐餐盤一旦放下，位置就固定，不可再挪動位置。

🔔 5-5　酒類及飲料類飲用禮儀

一、餐前酒

1. 在國外常會在用餐或點菜之前飲用餐 前酒，這是流傳已久的餐飲習慣。而飲用餐前酒的作用是為了要促進食慾，增強開胃功能。不過餐前酒不能喝太多，1~2杯即可。在一般情況下，也不一定要將餐前酒喝完。

2. 常被用來當餐前酒的有香檳、馬丁尼、雪莉酒或金湯尼之類的雞尾酒，甚至蘇打水及無酒精的雞尾酒也可以。善用餐前酒可為你增強食慾，並為你開啟美好的用餐氣氛。

二、葡萄酒

1. 用餐遇到點用葡萄酒時，常會有讓人產生困惑的情況，原則上肉類料理可搭配紅葡萄酒，魚類海鮮料理可搭配白葡萄酒，但還是要根據料理的口味選擇濃淡適中的葡萄酒，例如：調味較重的料理最好選用口味較重的葡萄酒。

2. 若是你知道自己所喜歡的葡萄酒口味（甜味、酸味、澀感等）或熟悉常飲用的品牌，可直接告訴餐廳服務人員，請他從餐廳酒單內找出符合要求的酒。

3. 如果你沒有特別的喜好，且酒單內眾多葡萄酒而無從選擇時，可直接請餐廳服務人員幫你挑選，或是把你的預算告訴他，請他介紹一款適合的葡萄酒。

4. 有時候餐廳當期促銷的葡萄酒 (Table Wine) 或搭配套餐設計選用的葡萄酒，也會是你的好選擇。

5. 在決定了葡萄酒之後，服務人員會送來葡萄酒，首先讓你確認酒瓶上的酒標，在你 面前開瓶，並會倒一些讓你試酒。

6. 你可以這樣試酒：

　　(1)　首先輕握葡萄酒杯的杯腳，目視葡萄酒的顏色。

　　(2)　接下來輕輕搖動酒杯，讓酒來回晃動，與空氣混合，散發出香味。

　　(3)　將酒杯靠近鼻子，仔細品味酒的香味。

　　(4)　然後含一口葡萄酒，讓酒停留在口中，轉動舌頭，品嚐酒的口感後，再慢慢吞下。

7. 在你試完酒向服務人員示意後，服務人員將會依序為餐桌上所有賓客倒酒，等所有人都倒過酒之後才可以舉杯。

8. 正確拿葡萄酒杯的方式是握住酒杯杯腳的部分，不要握住杯身，以免因手的溫度而使酒失去原有美味。

9. 乾杯時，所有人把杯子舉到與眼齊高的位置，然後互相輕輕碰觸杯子，但要避免發出太大的聲響。

10. 喝葡萄酒時，要慢慢品嚐，不可一口飲盡。

11. 飲用葡萄酒時，須先將手中的刀叉放在盤上後，再以右手端起酒杯，不要出現一手拿叉子一手拿酒杯的行為。

12. 女性喝葡萄酒，記得先用餐巾輕壓嘴唇之後才喝，不要將口紅沾在酒杯上。喝過之後要將酒杯放回原位，不要任意擺放，也不要與其他餐具發生碰撞。

13. 服務人員為你倒酒時，杯子留在原處即可，不必將杯子舉起或移到你面前，並注意不要妨礙服務人員倒酒。

14. 在服務人員為你倒酒時，需要停止使用刀叉的動作，以示尊重。

15. 當你不希望服務人員再為你倒酒時，可以把手指輕放在酒杯上示意，表示你不要再喝了，但是不要出聲拒絕或是倒扣酒杯。

三、烈酒

　　國人享用中式料理時，常會飲用烈酒或白酒來助興，最常見的會是乾杯的動作，在這種敬酒禮儀互動的行為中，常會要求彼此將自己杯中酒喝完，且要讓對方看到自己的杯底，在這種情況下，必須瞭解自己的狀況，不可勉強，以免造成尷尬及失控的現象，因此「乾杯隨意，高興就好」。

四、餐後酒

1. 並不是在餐後都得喝餐後酒，而餐後酒具有幫助消化的功效，常見的餐後酒有白蘭地酒及紅櫻桃酒等較為香濃的酒類。

2. 飲用白蘭地酒的方式與飲用葡萄酒的方式不同，使用杯腳較短、杯身成圓弧形的玻璃杯，以單手把杯底托在手指間，輕輕搖動杯中酒，藉由手的溫度來使白蘭地的香味更濃，飲用前先聞酒的香味，再慢慢品嚐。

五、咖啡及紅茶

1. 在飲用咖啡時，可先依個人喜好加入適量的糖及牛奶，請注意動作，不要將糖或牛奶滴灑在餐桌及咖啡杯底盤上。

2. 在攪拌時，可先以左手輕握住把手，固定杯子，再以右手拿咖啡匙輕輕攪拌，攪拌時不可碰撞杯子發出聲音。

3. 攪拌完成之後，須垂直將咖啡匙拿起，不要讓咖啡滴下來，也不要出現甩咖啡匙的動作，更不要做出以口含住或舔食咖啡匙的不雅動作，之後將咖啡匙擺在底盤上。

4. 飲用時，以右手拿住把手，將杯子端起來喝即可，而在桌面較低的情況，可再加上以左手端拿咖啡杯底盤來飲用。

5. 飲用紅茶時可加上檸檬片，同時可以茶匙輕壓檸檬片，但不要將檸檬片浸泡在茶裡過久，以免破壞茶的味道，之後可將檸檬片撈起擺在底盤上。

6. 飲用咖啡、紅茶時，不要發出聲音或弄出餐具碰撞聲音。

學後評量

一、餐飲服務人員個人儀容的注意事項有哪些？

二、餐飲服務人員服裝穿著的注意事項有哪些？

三、餐飲服務人員敬禮的基本原則有哪些？

四、食用時牛排燒烤的熟度可分為哪些？

五、請說明烈酒飲用禮儀。

Chapter 06

餐飲服務作業
與流程介紹

餐飲服務主要目的就是要讓消費者得到最滿意的服務，因此，餐飲服務不管在流程或細節上都必須包含多樣性、文化性與藝術性。所以餐飲從業人員除了瞭解各項餐飲服務的基本技能外，還需要有獨特的創意性，讓餐飲服務可以滿足消費者的需求，以下將介紹中、西及宴會餐飲服務作業與流程的說明。

6-1 中式餐飲服務的類型

中式餐飲服務可分為包廂餐飲服務及小吃餐飲服務兩大類，餐廳依其營業形態及菜單內容設計符合所需的餐飲服務方式，外場服務人員必須瞭解基本中式餐飲服務技巧，再按每間餐廳的營業狀況去設計符合需求的餐飲服務。以下將介紹基本包廂桌菜貴賓服務及小吃服務流程及技巧。

一、包廂餐飲服務步驟

1. 客人陸續到達時，服務人員必須奉茶。

2. 主人點完菜時（若菜單早已決定則於就座時）服務人員須先詢問主人預定用餐的時間，以便控制出菜的速度。

3. 客人就座後，擺放口布，且酒與飲料必須先上桌倒好，方便宴席開始時能夠馬上舉杯敬酒。

4. 上菜時，菜盤皆從主人的右側上桌放於轉盤上，經主人過目後（有展示的意義，若服務人員能再向全體客人報出菜名則更佳），輕輕地轉送到主賓之前，再以分叉匙於桌沿進行分菜。

5. 貴賓服務的順序亦從主賓開始。

6. 放置服務叉匙於左手的骨盤上，以右手輕轉轉盤將菜盤送至主賓左側的客人面前，順時鐘方向走到這位客人的左側服務之。

7. 中途越過主人服務完其他客人之後才回頭服務主人。

8. 每出一道菜，就換一次骨盤，以使每道菜之口味不會互相混淆。

9. 隨時注意飲料服務及添加茶水。

二、小吃餐飲服務步驟

1. 小吃餐飲服務於上菜前先核對點菜單，待確認無誤後則擺在桌上由客人自取，若能隨時利用機會來分菜則更佳。

2. 餐點較多的客人，最好能用酒席的出菜方式（一道一道地上菜），並且使用包廂餐飲服務方式來服務。

3. 用餐過程中須注意飲料服務及添加茶水。

4. 視客人用餐狀況，隨時更換骨盤。

6-2 中式餐飲服務作業流程

　　中式餐廳一般服務流程從熱忱迎賓、帶位入座、服務茶水等一直到買單結帳、誠摯送客、收拾桌面，以下將逐一說明。

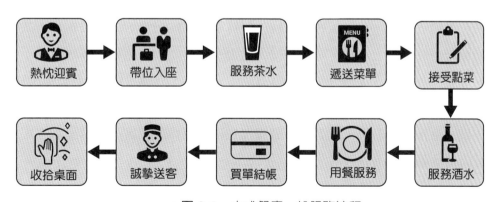

• 圖 6-1　中式餐廳一般服務流程

一、熱忱迎賓

1. 當客人進入餐廳時領檯人員、領班或主管會在餐廳領檯處給予熱情歡迎，這是客人來到餐廳的第一印象，也是愉快用餐經驗的開始。

2. 領檯人員在迎賓時，應於客人進來前幾步距離就先行打招呼，同時注意客人數，以微笑及微彎曲上身問候，例如：「小姐、先生您好」、「歡迎光臨」等用語；認識的客人則以「XX 先生您好，歡迎再度光臨」；若是能加上對方職稱，更能讓對方感到倍受尊重，例如：「X 董事長您好，歡迎光臨」。

3. 請問對方是否已事先訂位，或是參加 XX 小姐、先生的訂位，例如：「請問是否有訂位？」、「請問共有幾位用餐？」。

4. 查詢手上訂席資料，為客人尋找預先安排的座位，或是在現場著手為其安排位子。

5. 詢問客人是否有特殊偏好或需求，可為其做安排，例如：靠窗、靠走道、安靜角落、靠近門口或較隱密的位置。

6. 選定位置之後，領檯人員引導客人前往該座位，準備入座。若在安排座位的同時還有其他客人前來，可先請較晚來的客人稍候，或是找附近的服務人員或幹部前來補位服務，然後引領原來客人入座。

7. 倘若餐廳客滿時，可先請客人稍候，記錄下客人的名稱、人數及聯絡方式，同時檢查訂席紀錄上之顧客是否到齊，是否有超過時間未出現且多次聯絡不到的顧客。一般餐廳在尖峰時間保留預約訂位約為 15 分鐘（保留預約訂位時間的長短，會隨各餐廳管理政策的不同而略有差異），若是顧客未主動延長或聯絡不到，會被先行取消，以方便餐廳服務在現場等候的顧客；但若是顧客屬於保證訂位的顧客則不宜取消。

8. 倘若現場已完全沒有任何空位，則先禮貌地幫顧客處理候補紀錄，並於有位置時主動通知。

9. 有時可請現場等候的顧客先到飯店酒吧喝點餐前飲料等候通知。

10. 倘若餐廳設有雨傘寄放桶、衣帽寄放間，則領檯可先詢問顧客是否需要寄放物品，若有需求則代為處理，做好相關登記，以免弄混出錯。

二、帶位入座

1. 引領客人到座位時，應注意引導的速度不可太快，以防客人跟丟。

2. 前方引導時，須隨時告知客人「請跟我來」、「請朝邊走」，並在階梯、轉彎處或特殊狀況時，提醒顧客注意腳步及方向。

3. 引導時應隨時注意顧客的反應。

4. 領檯應注意安排座位之相關注意事項，例如：老人、小孩、情侶、較多人團體、單獨客人、行動不便者之特別需求。

5. 倘若餐廳較大，須注意客人座位之平均分配，不要集中某一區域就座，以防滿座區域的服務人員忙碌，而其他空閒區域的服務人員無事可做。

6. 將客人帶到適當位置後，該區域之服務人員應一併靠近，一同為客人拉開座椅，協助入座，並招呼問好。一般以女士、老者及尊者優先入座。

7. 拉開座椅的距離，約為客人可走進之距離，即可配合客人往下坐之同時，以雙手將椅子往前推進。

8. 倘若有小孩同行，需安排小孩椅，並避免小孩坐在上菜的位置。

9. 倘若座位不符合客人需求，應視情況幫忙調整座位。

10. 在完成入座後，區域服務人員從領檯人員得知用餐人數及需求後開始接手服務。

三、服務茶水

1. 服務人員歡迎顧客入座，主動遞送茶水並確認用餐人數。

2. 依季節狀況安排冰水或熱茶，並注意服務。

3. 為客人增減餐具及座位，並調整座位及餐具間距，保持舒適的用餐距離。

4. 依照餐廳的服務方式，適時提供餐前小菜。

四、遞送菜單

1. 從客人右側靠近，依序遞送酒水飲料單及菜單，並在客人面前打開。

2. 禮貌的請客人參考酒單及菜單，並在一旁稍候，讓客人有時間參考、翻閱、欣賞、討論，待稍有決定時，才示意靠近。

3. 若是已事先訂餐之宴席，菜單須事先開立，且經主人同意，印製完整的菜單擺在餐桌上供客人參考。

五、接受點菜

1. 接受點菜前，須對菜單內容全盤瞭解，才能為顧客提供好的服務。

2. 等候點菜時，可先準備點菜單及筆等點菜工具。

3. 依照用餐人數、預算、口味、偏好及用餐時間做適當建議。

4. 配合客人之喜好及當天的菜餚，介紹適當搭配的佐餐飲料。

5. 解答客人對菜色的疑問，並適時推薦餐廳拿手菜或較具特色之菜餚，或是建議搭配宴會主題之菜餚，讓客人能留下滿意的回憶

6. 在詢問是否開始點菜時，靠近顧客右側，微向前傾，以注意且關心的態勢依序開立菜單，並適時提出建議或詢問，協助客人搭配出一桌的好菜餚。

7. 點菜單上要明確的註明桌號、人數、開單人、菜餚之品號、品名、份量、數量、特殊要求或預期出菜順序及時間，並將點菜單打上開單時間。

8. 為客人搭配的酒水飲料，需要另外開立點菜單，不可混合開立。

9. 點菜時，相同的食材及相同的烹調方法不宜重複，應平均搭配。

10. 在點完菜餚後，服務人員須再跟顧客覆誦一次，確認所點菜餚是否有遺漏或錯誤。

11. 餐廳若使用電腦點菜系統，則是由服務人員先在點菜單上記錄客人所點菜餚等相關訊息，之後再到工作檯上將資料輸入點菜系統，系統便會將各項訊息分配傳送到正確的工作終端，以進行後續各項作業。

12. 有些餐廳會運用 PDA 來搭配點菜系統，如此一來，服務人員可在 PDA 上直接進行點菜作業，即可省略先做點菜記錄後再輸入系統的重複作業，以縮短點菜工作所花費的時間。

六、服務酒水

1. 點完餐點後，服務人員應隨即準備客人點用的酒水飲料。

2. 為客人服務酒時需將酒帶到客人面前，待確認後，現場開瓶為客人服務，若有須加溫或冰鎮時則現場進行；口味較淡的酒類，例如：啤酒或紅酒，可多替顧客準備；若飲用烈酒，則依人數先準備較少數量即可，待不足時再建議加開。

3. 倘若客人點用果汁，可多做準備，並在工作檯上將果汁倒入果汁壺中進行服務。

4. 酒水服務時，先詢問客人飲用飲料的種類，避免倒錯。

5. 倒完酒後，將客人面前的茶水收走。

6. 酒水服務完之後，為客人服務拆筷套。

7. 在相互敬酒時，服務人員須在一旁適時添加酒水。

8. 配合主人的要求，適時通知廚房出菜。

七、用餐服務

1. 上菜前，服務人員依序為客人拿起口布，以雙手攤開，鋪在客人大腿上，注意不可碰觸到身體。

2. 上菜前，服務人員會從廚房端出小菜上桌，供客人先行品嚐，或準備佐料備用。

3. 餐廳之傳菜人員（跑菜員）從廚房以托盤將菜餚端到餐桌旁的工作檯上交給服務人員。傳菜時須注意菜餚之熱度、完整性、美觀及正確。

4. 服務人員接手確認菜餚正確，再仔細檢查無誤後，準備上菜。

5. 先從上菜處將桌面清空後，立即將菜餚上桌，同時報出菜名，將轉檯轉動一圈，讓在座賓客欣賞菜餚，完成秀菜的動作。較好的方式是一邊以慢速轉動轉檯，一邊介紹菜餚的特色及烹調重點。

6. 轉一圈回到原位後，在現場以分菜技巧為賓客分菜，或是將菜餚端至工作檯處，在一旁為賓客分好，再一一服務上菜。

7. 倘若餐廳提供中式套餐,則免去秀菜動作,經傳菜人員送來菜餚後,服務人員便可依序為顧客上菜。其優點為節省分菜時間,較為經濟,且每份菜餚皆經過廚房美化盤飾,呈現精美價值感;缺點為缺乏秀菜欣賞大菜盤飾的機會。

8. 分菜時須注意每位賓客對菜餚菜量的反應及用餐的速度。

9. 每道菜餚分剩之後,將其更換為小盤,擺回轉檯上供賓客取用。

10. 用完菜餚後,將骯髒的骨盤收走,更換乾淨骨盤,以更換骨盤技巧進行服務。

11. 更換骨盤時,應注意禮節,有未用完之菜餚不可不經詢問就收走,骨盤上的餐具不可收走。

12. 若有用手之菜餚,須為賓客服務洗手盅及更換新的紙巾。

13. 隨時為賓客添加酒水,在杯中飲料只剩 1/3 時便要添加,但是到最後一道菜餚或顧客示意不再飲用,則不再添加。

14. 全程出菜速度要配合賓客用餐速度,服務人員須配合顧客需求,指示傳菜人員通知廚房配合。

15. 服務人員在用餐服務過程中,應主動關心賓客之需求,主動提供服務。

16. 在用完所有菜餚之後,準備服務餐後甜點、甜湯或水果前,服務人員須將餐桌上的餐具杯盤全部收拾乾淨,只留下飲料酒杯,倘若顧客不再飲用則一併收走,並將桌面清理,收走相關調味佐料物品。接著擺放全新的骨盤及點心叉匙,之後再依序上甜點水果。

17. 餐後服務熱茶,可讓顧客去油膩、醒酒提神;同時服務乾淨溼紙巾供顧客擦拭。

中式餐點分菜服務技巧

1. 分菜時須先預計每一個人的分量,避免分配不夠的狀況發生,且分太多菜於骨盤上也不美觀。

2. 全部客人分完第一次菜以後,若菜盤上仍有剩餘,須將剩菜稍加整理,然後留服務叉、匙在盤上,由客人自行取用。

3. 骨盤之外，不可或缺的服務備品是小湯碗，除了湯品需使用小湯碗以外，一些有湯或多汁的餐點也須以小湯碗來服務較為方便。

4. 服務湯或多汁的餐點時，要先從主人右側開始擺放小湯碗於轉盤上，擺放時須預留餐點器皿的放置空間，等全部分完後再依前述的服務順序分發之。

5. 服務魚翅時絕不可將魚翅（排翅）打散，若經驗不足者，可先分其他配料於碗底，再將魚翅放置於上方，盡可能少量地分，有多餘時再一次平均分配。

6. 服務整條魚時需先以大餐刀切斷魚頭與魚尾，沿著魚背與魚腹之最外側從頭至尾切開其皮與鰭骨、沿著魚身的鱗線，從頭至尾切割深至魚骨。切完後再將服務刀與叉將整片背肉從鱗線處往上翻攤開，同樣地將整片腹肉往下翻攤開。即可很容易地從魚尾斷骨處的下方插入餐刀，漸漸往魚頭方向切入，在大餐叉的協助下取出整條魚骨放於另備的骨盤上，然後再把背肉與腹肉翻回原位即成一條無骨的魚。依照所需的份數切塊後，即可依順序用服務叉匙服務之。

八、買單結帳

1. 客人食用餐後點心水果時，服務人員可一邊整理工作檯，一邊注意顧客的進度，並為客人清點酒水飲料空瓶，待其確認。

2. 主人示意結帳時，服務人員應主動詢問顧客對剩餘飲料及餐點之處理方式，並配合處理。

3. 主動將多餘未用的酒水退掉，結算所有消費項目。

4. 靠近主人詢問用餐是否滿意，並提供服務意見書供顧客填寫。

5. 為主人解說今天之消費項目。詢問帳單發票上是否需要加上公司統一編號。

6. 從出納處取得完整之帳單發票，並先行確認項目、金額及統編是否正確。

7. 將帳單送交顧客過目，並解釋相關疑問。

8. 詢問客人之結帳方式，例如：現金、刷卡、房客記帳或外客簽帳等。同時詢問客人是否需要停車蓋章服務（視餐廳情況而定）。

9. 送上找零現金、或信用卡簽單、或請顧客簽認掛帳單據。

九、誠摯送客

1. 完成結帳程序後準備送客。

2. 當客人起身時，上前拉椅子讓客人可順利離席。

3. 檢查餐桌附近是否有遺忘物，以方便提醒客人。若有寄放物品，記得提醒取回。

4. 感謝光臨，希望下次再度光臨。

5. 送客人至門口餐廳，其他人員也一併配合送客。

十、收拾桌面

1. 服務人員將現場餐具收拾乾淨。

2. 清點貴重餐具或將各式餐具備品分類收齊送洗。

3. 更換檯布，清理餐桌附近的場地，並避免干擾其他顧客。

4. 重新鋪設檯布及餐桌擺設。

 6-3 西式餐飲服務的類型

　　西式餐飲服務可依餐廳的營業形態、菜單內容、作業程序及人力成本的考量而採取不同的服務類型。因此服務人員必須精通各類型的西式餐飲服務作業流程，以下將介紹各種西式餐飲服務的不同類型服務作業流程。

一、英式餐飲服務步驟

1. 站立於客人右側服務地帶。

2. 右手持主菜盤。

3. 右腳前左腳後，身體傾斜。

4. 由右側上菜地帶持主菜盤上桌。

5. 主菜盤盤緣離桌緣 1~1.5 公分。左手持盛菜銀盤（或磁盤），將服務叉匙反扣置於盤上，準備服勤上菜。

6. 站立於顧客左側服務地帶。

7. 左腳前右腳後，身體傾斜微彎。

8. 由左側上菜地帶持盛菜銀盤切入，將菜餚呈示於顧客過目，並介紹菜餚名稱及內容。

9. 此時盛菜銀盤之盤緣與主菜盤之盤緣重疊約 2 公分，且盛菜銀盤之底部與桌面距離約 5 公分。

10. 服務員右手持服務叉匙（依指夾法或指握法），直接將菜餚夾派分送至主菜盤上。

11. 服務員起身離去，服務下一個賓客。

二、法式餐飲服務步驟

1. 站立於賓客右側服務地帶。

2. 右手持主菜盤。

3. 右腳前左腳後，身體傾斜。

4. 由右側上菜地帶持主菜盤上桌。

5. 主菜盤緣離桌邊 1~1.5 公分。

6. 左手持盛菜盤（或磁盤），將服務叉匙反扣置於盤上，準備服勤上菜。

7. 站立於顧客左側服務地帶。

8. 左腳前右腳後，身體傾斜微彎。

9. 由左側上菜地帶持盛菜盤切入，將菜餚呈示於賓客過目，並介紹菜餚名稱及內容。

10. 此時盛菜盤之盤緣與主菜盤之盤緣重疊約 2 公分，且盛菜盤之底部與桌面距離約 5 公分

11. 賓客將服務叉匙提起，取用所需之食物及份量置於主菜盤上。

12. 賓客取菜完畢後，將服務叉匙反扣放回盛菜盤上。

13. 服務員起身離去，服務下一位客人。

6-4　西式餐飲服務作業流程

　　西餐之服務流程除西式餐飲服務不同外，其他之迎賓、帶位、入座、買單結帳、誠摯送客、收拾桌面之動作，皆與中餐服務流程相差不多，且全部流程之服務精神相同，在此便不重複敘述，本節將針對流程中之其他部分做說明。

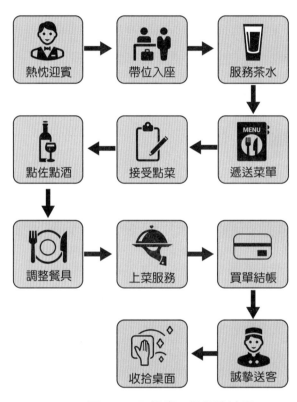

● 圖 6-2　西餐廳一般服務流程

一、服務倒水

1. 客人順利就座之後，為客人攤開口布鋪在客人腿上，須避免碰觸顧客身體。

2. 為客人倒水，有的餐廳無提供此項服務，須另行付費點用。

3. 攤口布及倒水皆由右側服務，且以女士、長者及主賓優先。

4. 倒水時注意提醒顧客，並小心服務，只倒 8 分滿，不宜太多。以服務巾配合倒水服務

二、服務餐前酒

1. 享用西餐時，通常會先點餐前酒（開胃酒）來助興，服務人員應遞送酒單供顧客挑選。

2. 以開立飲料單方式為客人點酒，第一聯交由出納櫃檯入單結帳，第二聯交到酒吧準備飲料，第三聯則留在賓客處供其確認。

3. 倘若顧客較多時，須將賓客所點的酒以座次平面圖記錄，並詳細記錄所點飲料名稱、數量、配料、做法，並複誦再確認一次。

4. 將點酒單打上時間後，著手進行服務。

5. 有時顧客自備酒類，應配合賓客用餐程序依序為其服務。

6. 須從客人右側服務酒類飲料，放在水杯之右下側。

7. 顧客用完餐前酒後，將酒杯收走。

三、遞交菜單

1. 由客人右側遞送菜單，以雙手攤開交給客人參考。

2. 若為事先安排之餐會，菜單會先經由主人確認，印製菜單擺放在每位客人座位前，可免去遞送菜單的動作。

四、接受點菜

1. 與中餐服務相同，待客人參考菜單後示意要點菜時，服務人員才靠近準備服務點菜。

2. 點菜時，必須對菜單內容完全瞭解，且可以回答賓客相關詢問。

3. 協助賓客點菜，以專業知識為顧客搭配菜色，並根據其喜好、習性、預算及狀況做建議；同時可推薦餐廳招牌菜或新促銷菜單。

4. 為節省單點所花之時間，可提供當日套餐菜單供選擇。

5. 可用座次平面圖來為客人點菜，依照顧客所點之前菜、湯、沙拉、主菜、甜點等，依序記錄個別的特點、數量、配菜、烹調熟度、搭配醬料、特殊需求等。

6. 將平面圖所記錄的資料填寫在點菜單上，為節省時間，服務人員須與廚房針對餐點簡寫方式形成共識，方便迅速操作及辨識。

7. 書寫點菜單時，應一次問清顧客所有的需要，不要反覆詢問顧客。

8. 註明上菜順序，以方便廚房出菜。

9. 點完菜之後，再對顧客重複一次，以防點錯菜。

10. 點菜單上要明確的註明桌號、人數、開單人、菜餚之品號、品名、份量、數量、顧客特殊要求或預期出菜順序及時間，並將點菜單打上開單時間。

五、點佐餐酒

1. 在點完菜餚之後，可適度詢問賓客是否點佐餐葡萄酒來搭配菜餚。

2. 可根據客人所點之菜餚種類，建議紅白葡萄酒或其他飲料，也可推薦餐廳當期促銷酒。

3. 在服務點酒時，服務人員須對酒單中的酒類有基本的認識，才能有效的介紹。

4. 服務人員須對食物與酒類的搭配原則有基本的瞭解。

六、調整餐具

1. 開始上菜之前，先對客人所點之菜餚，個別增減餐具，收走不需要的餐具，或增加必備的餐具。若餐具過多，可先安排主菜之前所需之餐具，等要上主菜前再新增餐具。

2. 根據賓客所點之酒類增減酒杯，一般酒杯排列方法為以紅酒杯對齊大餐刀，其左上方擺放水杯，右下方擺設白酒杯。

3. 調整餐具時，須注意服務禮節，勿干擾顧客。

七、上菜服務

西式餐飲的上菜順序如下說明：

（一）麵包

1. 上開胃菜前，會先服務麵包，可用派送方式或直接以籃裝方式服務上桌，供顧客取用。某些餐廳的麵包會無限制供應顧客取用。

2. 搭配麵包之相關奶油、果醬須事先上桌。

3. 派送麵包時，從顧客左側靠近，詢問顧客需求，以服務叉匙服務。

4. 若是以麵包籃供應方式，會等到收拾主菜餐盤或是服務餐後點心前才收走麵包籃。

（二）佐餐酒

上菜之前須先完成佐餐酒之服務（以葡萄酒服務方式進行服務，參見 Chapter 07）。

（三）冷盤開胃菜

通常第一道菜是冷盤開胃菜，上菜時，由顧客右側直接將餐盤擺在顧客面前的展示盤上，顧客以左側第一把叉子配合刀具享用開胃菜。

（四）湯

1. 一般西餐的湯分二種，一種是清湯，以雙耳湯碗搭配底盤盛放；另一種為濃湯，以湯盤盛裝。

2. 上湯時要注意禮貌，先知會顧客，讓顧客得知要上湯後，才由顧客右側以右手服務，以防發生打翻燙傷意外。

（五）沙拉

1. 沙拉刀叉分別位於主菜刀叉之外側，供顧客使用。

2. 在收拾沙拉盤時，應將展示盤一併收走。

(六) 熱開胃菜

1. 所使用餐具的位置在主菜刀叉之外側，有時會在收拾熱開胃菜後，才會擺設主菜餐具。

2. 在點用熱開胃菜之狀況，會在收走開胃菜後，上一道清冰 (Sherbet)，讓顧客清舌潤喉，好享用接下來的主菜。

3. 收走清冰 (Sherbet) 後，服務人員須整理桌面，更換菸灰缸，補充麵包及酒水，並適時增加主菜餐具。

(七) 主菜

1. 上主菜前，服務人員須先檢視餐桌上餐具是否正確足夠。

2. 上主菜時，依顧客之需求將所有佐料、配料一起擺放，並依序為顧客添加。

3. 在目前大多數的服務方式中，主菜皆由顧客右側上菜，醬汁則於客人左側進行服務（實際情況依各餐廳 管理政策不同，而略有差異）。

4. 所有顧客用完主菜後，服務人員由顧客右側將餐盤餐具收走，酒杯在顧客允許下也一併收走。

5. 用完主菜之後，將所有桌面上之麵包盤、奶油刀、調味罐收走，只剩下水杯、點心餐具。

6. 服務人員持麵包屑斗清理桌面，並搭配服務巾及托盤做細部整理。

7. 倘若桌面上有汙損應立即整理，之後將餐後點心之刀叉調整擺設好。

(八) 餐後點心

在用完主菜正餐後，可幫顧客點餐後點心，或是依套餐菜單服務。

(九) 飲料

咖啡或紅茶，依飲料服務方式服務。

持盤技巧

1. 服務員至廚房出菜區拿起擺置妥當之主菜盤出菜。熱盤以服務巾拿取。

2. 由賓客右側上菜地帶持主菜盤上桌。

3. 桌邊緣服勤技巧

    (1) 將廚房取出之主菜盤及盛菜盤妥當擺放在保溫電盤上。

    (2) 將服務車推至距客人桌邊邊約 30~50 公分。

    (3) 手持盛菜盤,由賓客左側服務地帶,左腳前右腳後,身體微彎,面帶微笑,呈給賓客過目,並介紹菜餚名稱及內容。

    (4) 將盛菜盤放回服務車上之保溫電盤上。

    (5) 右手匙,左手叉。

    (6) 將盛菜盤上之菜餚夾派至主菜盤上排列妥當。

    (7) 將服務叉匙放回麵包盤內。

    (8) 右手持主菜盤。

    (9) 由服務車端至顧客右側服務地帶。

    (10) 右腳前左腳後,身體傾斜。

    (11) 由賓客右側上菜地帶持主菜盤上桌。

    (12) 主菜盤緣離桌邊 1~1.5 公分。

6-5　宴會餐飲服務

一、宴會餐飲服務的定義

　　宴會餐飲的種類繁多,可為一般的喜宴、餐會、茶會、酒會、招待會、發表會和展示會等,是一種供應酒水飲料,並搭配精緻冷、熱食及小吃點心的宴客方式。現階段的社交聚會、宴客典禮等活動常使用宴會服務的方式,一些高級飯店內的宴會廳及大型餐廳也常配合客人的需求而辦理宴會服務。

二、宴會餐飲服務的特性

(一) 量身訂作

宴會餐飲服務可根據客人的主題活動來安排，例如：慶祝節日、紀念日、說明會、展示會、開幕會、告別會及會議等主題，從正式場合、輕鬆聚會或加入個人特色、安排表演等方式來呈現；大至場地布置，小到宴會菜單，都可依客人喜愛及宴會主題來進行服務。

(二) 時間彈性

一般宴會舉行的時間，可分為用餐時間與非用餐時間，用餐時間所舉行的為早餐會、午宴及晚宴，時間多為上午 8 時～9 時、中午 12 時～2 時、晚上 6 時以後；非用餐時間，一般以上午 9 時～11 時、下午 3 時～5 時或下午 4 時～8 時等為最常舉辦的時間，通常會配合主辦者的需求來調整餐點。

(三) 表現主題

宴會餐飲是為了配合人們的社交需要，以酒菜來宴請賓客，所以具有社交性、聚餐式和規格式三種特色，可依菜式以中餐宴會或西餐宴會出現，並搭配現場布置來表現主題，例如：壽宴餐點為了要突出祝壽之意，可搭配壽桃、壽麵和蛋糕等材料。

(四) 場地布置

宴會一般會要求格調高雅、氣氛佳、講排場，服務工作細緻周到。所以，整個會場的布置皆是在事先洽談時，配合客人所需之場合來準備，從餐檯擺設布置、舞臺設計、燈光照明、特殊效果、進出指標到動線安排等都是一場宴會布置要注意的重點。此外，宴會部門、管理部門、食品採購部門、餐廳外場、廚房內場、酒水部門和電器技術人員亦須相互配合才能使宴會圓滿進行。

三、宴席餐飲服務的整體作業

一般宴會餐飲舉行的地點多在大型飯店舉行，飯店內部應事先做好溝通、協調與調度，例如：宴會前所需準備的設備、菜單的設計、宴會場地的布置、宴會

當天的招待服務工作分配、餘興節目的安排等都須先行計畫並徹底執行，才能使宴會活動順利進行。

（一）前置作業

可透過面談、電話及傳真的方式來受理宴會的預訂，預訂時餐廳須瞭解出席人數、到席時間、身分、用餐標準及主辦單位之名稱。另外，有關風俗習慣、生活特性、對菜餚的喜好與忌諱、預算的範圍等亦都是必須要事先詢問的內容。

（二）宴會確認

確認主辦者所預訂的場地、日期、時間、活動名稱及宴會舉辦的性質，之後請客戶填妥資料，以作為事後聯繫、追蹤及建立檔案的依據。

（三）合約簽定

當宴會確認後，飯店業務負責人應與宴會主辦者簽訂一份正式的合約，在簽約時針對宴會當日所需的餐點、酒水、場所布置及相關細節再次說明並取得同意，避免雙方產生誤解，簽署後生效，並依合約內容支付訂金。

（四）後續作業

合約訂定後，負責宴會作業之部門必須將合約建檔，並通知相關部門，有關菜單菜餚，場地布置相關事宜，以作為訂購食材及規劃業務的依據。

（五）餐飲擺設

檯面擺設是指餐檯、席位的安排和擺設，檯面擺設會依宴會本身的性質不同而變化，在此僅就中餐宴席、西餐宴席、自助餐會、酒會之擺檯方式及注意事項作一說明。

1. 中式餐飲宴席擺設

   (1) 檯面常見的有方桌及圓桌面兩種，中餐檯面上的餐具一般是由筷、湯匙、骨盤、味碟、碗、筷架、茶杯和各種酒杯所組成。

   (2) 中餐宴席十分強調主桌的位置，主桌應放置於面向餐廳主門、能夠看到全廳的位置。此外，主桌的擺設也應特別注意，其餐椅、餐具及裝飾都應與其他桌面有所區分。

(3) 將主賓要入席及退席的通道視為主行道,故應較其他行道寬敞、突出。桌距安排要適當,避免因過度擁擠,而影響上菜、斟酒及換盤等動作。

(4) 要適當的選擇檯面,一般直徑 150 公分的圓桌,可坐 8~10 人左右;直徑 183 公分(6 呎)的圓桌,可坐 12 人左右。

(5) 重要的宴會或較高級的宴會應設分菜服務檯,一切分菜服務可在服務檯處進行,再分送給客人。

(6) 大型宴會可將所有桌子編號,號碼架放於桌上,使客人一進會場就能看到,也方便客人從座位圖查詢自己桌子的號碼及位置。而座位圖應在宴會前繪製好,以方便宴會負責人依宴會圖來瞭解宴會安排的情況、服務人員工作區域的劃分及到客率。

(7) 多檯面宴會設計,應做到燈光明亮、設計美觀及大方。音響設備可適時播放背景音樂或輕柔悅耳的音樂,如設有主賓講話檯,服務人員應於宴會前將麥克風安裝好並進行調音測試。另外,吧檯、貴賓休息檯及禮品檯等可配合場地靈活安排。

• 圖 6-3　主桌的設計需特別、強眼

2. 西式餐飲宴席擺設

(1) 接受西餐宴會預訂後,餐廳服務人員應先瞭解宴會細節,宴會性質、參加人數、進餐時間、來賓身分、宗教信仰、主人或主辦單位的特殊要求等。瞭解清楚後,才開始後續的準備工作。

(2) 依宴會的性質、餐廳面積、宴客人數及設備來設計檯型、檯面及席位的擺設。一般西餐宴會檯型的布置安排，會採用長桌形式，再根據人數和來賓情形，分別排列成多樣化，如「I」型、「T」型、「l」型和「ㄇ」型等，以美觀實用為訴求。

(3) 西餐宴會所使用的餐具一般為各式刀、叉、匙、酒杯及其他特殊餐具及調味罐等，所以鋪設檯面時所用的餐具一定要依據菜單來選擇、安排。

(4) 西餐宴會一般會使用好幾種酒，服務人員必須清楚知道菜餚所應搭配的酒類，再依主賓次序依序地幫客人斟酒。

(5) 檯面擺設及座位的安排須考慮服務人員的服務動線是否順暢、上菜順序須依賓主次序上菜。凡是使用大盤盛裝菜餚的部分，服務人員都要進行分菜服務。

3. 自助式餐飲宴席擺設

(1) 會檯面及桌椅的安排須考慮設置地點的大小、用餐人數的多寡、餐檯的形狀、菜色的種類，以及動線的安排。餐檯及椅子的不可安排過密，以免增加客人取用菜餚的不便。

(2) 自助餐檯的擺設較多樣化，可先確定用餐區域的數量、自助餐檯的大小和形狀，並依菜色的多寡及每盤食物的間隔距離，來決定設計何種形狀較佳。

(3) 自助餐檯的布置可分成不同區域，中間擺放鮮花、調味料及餐具；也可以桌子拼成幾個小區域，分別放置不同的食物。但是皆必須考慮賓客取用食物的便利性，所以菜檯的安排可以是圓形、長型、T 型或 V 型等。

(4) 每道菜餚須準備好取用的餐具，並在菜餚前放置菜卡。熱食應以保溫鍋處理及盛裝；冷食如有需要應在下方墊冰塊。

4. 雞尾酒會宴席擺設

(1) 酒會較餐會來得輕鬆，客人之間可自由走動，互相敬酒並自由交談。場地的大小依參加的人數而定，一般不設置座位，菜餚及餐具分別擺放在餐檯

上，由客人隨意取用。常用於商品發表或展示、畢業、開幕、歡迎或歡送、生日、結婚等活動。

(2) 酒會可在場地中間安排主菜檯，可由方桌或其他形狀的桌子拼搭而成，鋪上檯布。主菜檯的外沿可設置副食品或甜點檯、酒及飲料檯，也可在沿牆的地方設置一排座椅供客人休息。

(3) 酒會供應的餐點一般多為中式熱菜、西式熱菜、甜點、鹹點、冷食、水果、酒水飲料等。中間主菜檯菜餚較多，須擺放得當，另須注意色彩、葷素菜的搭配。

(4) 檯中間可擺放花或裝飾物，並提供 2~3 種規格的盤子及叉、匙放在餐檯上或旁邊的餐具桌上。另外，可放置紙巾供客人取用。

(5) 客人可將用過的餐具放於收餐檯，服務人員要注意及時收走客人用過的餐具。

(6) 致詞或敬酒檯可擺在靠牆一邊的中間，使主人可洞察宴會的每個角落。大型酒會一般設有簽名檯或禮品檯，且多設於入口處的邊緣。

(7) 注意酒會場地的裝飾及布置，以增加酒會的氣氛，並注意燈光、溫度，也可考慮使用樂隊提高用餐的觀樂感。

🔔 6-6 宴會餐飲服務作業流程

一、大型宴席餐飲服務流程

（一）中式宴席餐飲服務流程

一般來說，在大型宴席前，會做事前準備工作，接著宴會廳所有的人員將會集合在指定的地點做事前會議 (Briefing)。此目的是要讓所有的服務人員瞭解宴席的重要內容及該注意事項。

1. 準備內容

   放檸檬片、包水壺、倒水、倒醬油、放芥末辣椒、放第一道冷盤。

2. 服務內容

   (1) 宴會開始，Stand-by 於該服務桌旁，協助拉椅子入座。

   (2) 立即詢問飲料。

   (3) 起菜前，幫客人攤口布。

   (4) 聽從指示撤桌牌、點蠟燭。

   (5) 宴會開始準備上菜服務（依照現場領班的指示）。

   ◎上菜時須先自我介紹及報菜名。

   例如：各位來賓您好，我是負責這一桌的服務人員吳美麗，如有什麼需要，隨時可以讓我為您服務，現在為您上的第一道菜是百年好合。

   (6) 立即分菜，分好菜後，遞送至每一客人的 Show Plate 上，並告訴客人：「各位請慢用！」。

   (7) 接下來準備下一道菜的熱盤或碗及餐具，放於轉檯上。

   (8) 利用客人用餐的同時，隨時留意客人的飲料是否須補充，及客人用食完畢，立即收拾髒盤。

   (9) 隨時留意下一道的菜是否已經送到，必須立即分菜動作。

   (10) 一桌的菜量皆為供應 12 人份，從第一～四道菜皆分 12 份的菜，從第五道起，將所有菜分給該桌實際用餐人數，並將缺席座位及餐具撤走。

   (11) 若客人暫時離席，必須將客人口布折成三角型放客人的右手的筷架上。

   (12) 若遇客人中途離席，利用時間將餐具及座位撤走。

   (13) 在上完最後一道熱食前，須準備下一道為甜湯所須之甜湯碗、底盤、湯匙。

   (14) 當客人用完最後一道熱食，立即清桌。將桌面上的筷、匙、筷架、醬油碟、Show plate、調味料等餐具送至洗滌區送洗，桌面只保留杯皿。

   (15) 準備一組該桌的刀、叉、BB Plate，幫客人擺設上桌。

(16) 再進行分甜湯、上水果、上甜點於轉檯的動作，之後再為每一位客人上茶。

(17) 清理該區的 Station 上所有器皿，若客人離席並立即收拾該桌。

※ 注意事項

1. 若該桌有多餘的菜，必須詢問該桌客人是否打包帶回，不然一定必須分完該桌所有的菜餚。

2. 打包客人的菜餚一必須於後場打包區進行打包動作。

（二）自助餐餐飲服務方式

1. 準備工作

放檸檬片、包水壺、倒水、放奶油、放麵包。

2. 服務內容

(1) Stand-by 於該服務桌旁，以及協助客人拉椅子。

(2) 向客人詢問飲料。

(3) 將已經入座客人的口布放置右手邊大刀小刀上，表示此座位已經有人。

(4) 協助去拿菜的客人入座及攤口布。

(5) 持續性的幫忙收拾髒盤器皿。

(6) 去取菜客人必須將口布折成三角型放置右手的大刀小刀上。

(7) 聽從指示清桌，將大刀、小刀、大叉、小叉、湯匙、BB Plate、奶油刀、奶油、麵包籃、鹽糊椒罐收掉。

(8) 上糖罐、奶盅及咖啡杯組。

(9) 詢問客人咖啡、紅茶。

二、小型宴席餐飲服務流程

一般而言，較具私人性質的宴會且較重要之客人，皆為小型宴會，因此有許多的小細節必須要去注意，及必須有更好的服務。

（一）中式宴席餐飲服務方式

1. 準備工作

放檸檬片、包水壺、準備醬油及醋壺、放芥末辣椒、泡烏龍茶、其他酒類飲料杯皿之準備，客人到時給烏龍茶、倒水、倒醬油、準備新鮮果汁、上小菜。

2. 服務流程

(1) 協助客人入座，攤口布。

(2) 詢問飲料。

(3) 上菜由主賓先上，主人最後，女士及年長者優先。

(4) 依照菜單上所需餐具而準備上菜。

(5) 須等全部客人用完餐食才可有收盤子動作。

(6) 須時時注意飲料的添加且有禮貌性。

(7) 等全部之熱食用完才可以清桌，將桌面上的筷、匙、筷架、醬油碟、Show plate、調味料等餐具送至洗滌區送洗，只留杯皿。

(8) 將準備水果及甜點所須一刀兩叉上桌。

(9) 上完甜點後，上烏龍茶。

（二）西式宴席餐飲服務方式

1. 準備工作

放檸檬片、包水壺、上奶油，客人到時倒水、上麵包籃、準備新鮮果汁。

2. 服務流程

(1) 協助客人入座，攤口布。

(2) 詢問飲料。

(3) 上菜由主賓先上，主人最後上。

(4) 不定時的添加奶油麵包及飲料，視客人現場所需服務。

(5) 依照菜單更換餐具。

(6) 等客人用完全部主食後，才可以清桌，撤掉 BB Plate、奶油、麵包籃、鹽糊椒罐桌上只留下杯皿。

(7) 上甜點匙、叉子及咖啡杯組、糖罐奶盅。

(8) 上甜點，詢問咖啡／紅茶。

(9) 協助送客。

（三）雞尾酒會餐飲服務方式

1. 準備工作

準備所需杯皿、瞭解供應飲料。

2. 服務方式

(1) 將所有種類飲料盛裝一個托盤，向入場客人推薦飲用。

(2) 客人入場不斷的供應飲料。

(3) 等候指示用托盤收取空杯。

(4) 客人開始用餐之時，隨時留意客人手中之髒盤及空杯。

(5) 保持會場客人手上皆有飲料或餐食。

6-7 各式宴席餐飲服務重點整理

　　良好的宴席接待服務，不僅可使宴會進行順利，也可使客人對用餐處留下良好的印象。宴席接待服務，雖然繁複，卻是餐飲服務人員所必須留意及學習的。經由前述各節的學習，最後再將中式、西式及酒會的服務做重點整理：

一、中式宴席餐飲服務

（一）餐前服務

1. 餐廳應設置接待室或服務檯，並安排服務人員。當客人到達時，協助斟茶水及存放衣帽。

2. 當宴會承辦人或主人到達會場時，負責之主管人員應趨前歡迎，並引導至活動會場，巡視其他服務人員的狀況，並待命準備開席。

3. 主人到達後，應再次詢問主人對菜單的要求，所使用之酒水及預定用餐的時間，以便確實掌控出菜速度，待宴會舉辦時間一到，即可通知開席。

（二）餐中服務

1. 菜餚端出，放於轉檯邊緣，並報出菜名，以順時鐘方向將菜餚轉到主賓面前，從主賓開始，依序進行服務，並幫在座的客人斟第一杯酒及飲料。

2. 服務人員須站於一旁隨時待命，準備上菜及分菜的服務，並幫客人更換骨盤及碗，隨時保持桌面的清潔。

（三）餐後服務

1. 宴會結束後，賓客逐漸離席，領班或主管人員應帶領服務人員於宴會會場出口處站立，微笑迎送每位賓客離開，使宴會完美結束。

2. 宴會結束後與宴會承辦人或主人針對宴席桌數、飲料費用、場地費用、器材租金、服務費等一一核對，待統計好，開出發票，請對方核對，並將帳款結清。

二、西式宴席餐飲服務

（一）餐前服務

1. 服務人員須針對菜單內容進行餐具擺設。

2. 準備服務布巾、大小托盤及器具。

3. 將紅酒於用餐前半小時打開，使其與空氣接觸。

4. 於客人入座前 5 分鐘，將冰水倒好。

（二）餐中服務

1. 西式宴會均依照開胃前菜、湯品、主菜、甜點、水果飲料之順序供應，服務人員上菜時須以女賓客優先。

2. 依客人所食用的餐點內容為海鮮或肉類，以決定幫客人斟倒白酒或紅酒。

3. 在上甜點及水果時，要先幫客人清除餐桌上的酒杯及所有餐具。

4. 在服務咖啡及茶時，服務人員應先幫賓客擺放好糖盅、奶盅，再上飲料。

5. 席間隨時幫客人添加酒水，並勤於更換菸灰缸，隨時注意客人的需要及用餐情況。

（三）餐後服務

1. 當客人要起身離開時，服務人員可視人力情況，幫客人拉座椅。

2. 檢查宴會會場，客人是否有遺留物品。

3. 將賓客送至門口，並微笑歡迎其再次光臨。

4. 與承辦人或主人針對餐點的份數及消耗的酒水做核對，並開立發票，結清帳款。

三、雞尾酒會餐飲服務

（一）餐前服務

1. 宴會開始之前，必將各式酒水及相關杯具備齊，宴會一旦開始便可立即服務與會的貴賓。一般需要準備的酒杯數量為參加人數的 3 倍。

2. 準備點用酒水的紀錄表單，可清楚記錄，供結帳用。

3. 開始服務前要請負責人清點一次，確認實際的使用量，一般計費方式有二種，一種為依實際消費來計價；另一種則以一個價格包裝，即是在一定時間內，依事先決定的酒單內容供應，無限暢飲。

（二）餐中服務

1. 宴會開始前 10 分鐘是賓客人潮最多的時候，客人大多會先選用一杯飲料，此時若供應不及，將會造成客人排隊等候的情形，使會場混亂。因此不管是吧檯服務或由繞場服務人員來服務，務必在最短時間讓所有賓客人手一杯。

2. 現場服務人員要注意工作量及人力的協調問題，並依照現場主管的調度來服務客人。

3. 待第一杯酒拿走後約 15~20 分鐘，客人會開始需要第二杯飲料，此時繞場人員應協助客人將手上空杯收走，以便送洗。

4. 進入第二輪飲料後，需求量大的酒杯會開始不敷使用，這時須到洗滌區，檢查酒杯是否清潔乾淨，將乾淨的酒杯送回吧檯處。

5. 宴會中會因客人偏愛某些飲料，而造成酒水消耗量較大，服務人員應隨時注意酒類的消耗量，給予適時的補充。

6. 吧檯人員還應隨時注意酒會節目的進行流程，在宴會的最高潮或開始 10 分鐘及結束前 10 分鐘時，都是需要人手一杯的場合，因此必須儘快地供應酒水。

（三）餐後服務

　　結束前將銷售的酒水清點、計算實際的使用量，供賓客結帳使用，同時間進行吧檯整理工作。

學後評量

一、中式宴席餐飲餐前服務步驟有哪些？

二、西式宴席餐飲餐前服務步驟有哪些？

三、雞尾酒會餐飲餐前服務步驟有哪些？

四、雞尾酒會餐飲服務方式有哪些？

五、宴席餐飲服務的整體作業步驟為何？

Chapter 07

認識葡萄酒及服務流程

7-1　認識葡萄酒

　　種植葡萄樹的天然條件有三：地理位置 (Geographical Location)、氣候條件 (Weather Condition) 與土質 (Soil)。其中地理位置與氣候條件構成微型氣候 (Micro-Climate)，並且再加上土質結構即形成所謂的風土條件 (Terroir)。

　　此外，葡萄酒的釀造條件有三：風土條件 (Terroir)、葡萄品種 (Vine) 與釀製技術 (Know-How)。其中風土條件與葡萄品種即成為釀酒條件 (Wine Making Condition)。有了釀酒條件再加上釀製技術 (Know-How) 才能製造高品質的葡萄酒 (Wine)。

　　世界上適合葡萄酒生長的環境大致分布在南北緯 38°~53° 間的溫帶氣候區，故有葡萄酒生產帶之稱（見圖 7-1）。葡萄之生長條件主要有：

1. 可讓葡萄順利的發芽及成長的溫度，約在攝氏 22~25℃，過高及過低的溫度都會影響葡萄的甜分。

2. 葡萄的生長需要充分的陽光，以進行光合作用，產生養分。

3. 水分亦是不可或缺的要素之一。除了光合作用需要水分之外，枝葉在成長期同樣地需要適量水分的灌溉；成熟期則不需要太多的水分。

4. 土壤對葡萄酒的品質有重要的影響力。不同區域的土壤所含的養分、酸度、礦物質及顏色，都會對葡萄造成影響。

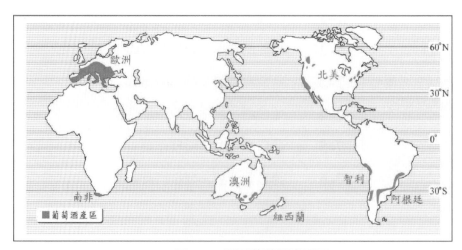

• 圖 7-1　世界葡萄酒產區圖

常見葡萄酒釀製的品種可見於表 7-1：

● **表 7-1　葡萄品種表**

常見葡萄的品種	
用來釀紅酒的常見葡萄品種名	1.　梅洛 (Merlot) 2.　卡本內 - 蘇維農 (Cabernet Sauvignon) 3.　卡本內 - 弗朗 (Cabernet Franc) 4.　黑皮諾 (Pinot Noir)[法國勃根地與香檳區] 5.　席哈 (Syrah 或 Shiraz) 6.　嘉美 (Gamay) 7.　格那希 (Grenache) 8.　金粉黛 [美國](Zinfandel) 9.　內比歐羅 (Nebbiolo)[義大利 Barolo 酒產區] 10. 山吉歐維榭 (Sangiovese)[義大利托斯卡尼地區 Chianti 酒產區] 11. 田帕尼優 (Tempranillo)[西班牙 Rioja 酒產區]
用來釀白酒的常見葡萄品種名	1.　夏多內 (Chardonnay) 2.　白蘇維農 (Sauvignon Blanc) 3.　白錫濃 (Chenin Blanc) 4.　白皮諾 (Pinot Blanc) 5.　麗絲玲 [德法邊境](Riesling) 6.　榭密雍 (Sémillon) 7.　慕斯卡 (Muscat) 8.　慕斯卡代 [法國羅亞爾河流域](Muscadet) 9.　白維尼 (Ugni Blanc) 10. 格烏斯塔明那 [德國](Gewürztraminer) 11. 穆勒特高 [德國](Müller-Thurgau) 12. 席瓦娜 [德國](Silvaner)
用來釀法國香檳的常見葡萄品種名	1.　紅葡萄（去皮）：黑皮諾 (Pinot Noir)、皮諾慕涅 (Pinot Meunier) 2.　白葡萄：夏多內 (Chardonnay)
用來釀法國薄酒萊的常見葡萄品種名	嘉美 (Gamay)

世界的葡萄酒因各產地不同的生產條件，在今日呈現舊世界產區與新世界產區的二種不同風格，圖 7-1 是世界葡萄酒產區圖；舊世界產區指的是歐洲傳統的釀酒技術所生產的葡萄酒；新世界產區指的是歐洲地區以外的釀酒技術所生產的葡萄酒。一般而言舊世界產區的葡萄酒品質佳，適合長期珍藏；新世界產區的葡萄酒風味佳，薄利多銷。換言之，舊世界葡萄酒以培養文化底蘊與素養，打造飲酒人品味為目標；新世界葡萄酒以符合消費者的需求，打造風味佳釀為目的。今日的酒類研究 (Oenology) 對於新、舊世界的釀酒文化這個議題有多方的探討。

　　葡萄酒分為二大類（見圖 7-2）：一類為無氣泡葡萄酒 (Still Wine) 又稱自然葡萄酒 (Natural Wine)；另一類為有氣泡葡萄酒 (Sparkling Wine)。

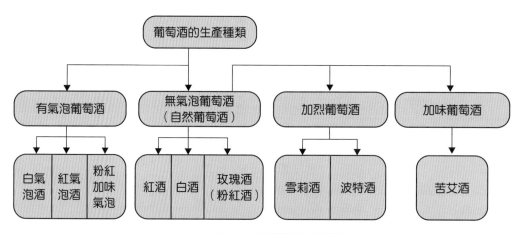

• 圖 7-2　葡萄酒的種類圖

　　無氣泡葡萄酒的酒精濃度約為 9~15% 度之間。主要有三種類型：紅酒 (Red Wine)、白酒 (White Wine) 和粉紅酒（Rose Wine 又稱玫瑰酒）。另外，利用無氣泡酒在製造過程中加入葡萄酒、酒精濃度較高的白蘭地或酒精，使酒瓶中的酵母菌停止發酵的釀酒方式稱之為加烈葡萄酒或強化葡萄酒 (Fortified Wine)，例如西班牙的雪莉酒 (Sherry Wine)、葡萄牙的波特酒 (Port Wine) 和葡萄牙馬德拉島的馬德拉酒 (Madeira) 均是此類，其酒精濃度約在 15~21% 度左右。而利用無氣泡酒在製造過程中加入藥草，使葡萄酒改變味道與風格的釀酒方式稱之為加味葡萄酒 (Flavored Wine 或 Aromatized Wine)，例如：法國或義大利製的苦艾酒 (Vermouth)、

法國的多寶力 (Dubonnet)、義大利的金巴利 (Campari)、法國或義大利製的茴香酒 (Anisette) 均視為此類。

有氣泡葡萄酒中量產最多的是白氣泡酒，最著名有法國的香檳酒 (Champagne)、義大利的藍普洛斯可氣泡酒 (Lambrusco) 與阿斯提氣泡酒 (Asti)。酒精濃度大約在 9~14% 度之間。紅氣泡酒因為市場知名度不高，產量非常少。粉紅氣泡酒與加味氣泡酒由於市場知名度漸增，在世界的氣泡酒市場日漸受到消費者重視。

一、臺灣常見販售的葡萄酒品種

(一) 紅葡萄酒品種

1. 卡本內－蘇維農 (Cabernet Sauvignon)

是全世界評價較佳的葡萄品種，屬於明星級品種。種植成熟的時間比其他品種來的長，適合釀造長期熟成型的紅酒（例如：波爾多紅酒），所產的紅酒顏色呈深紫紅色，並會產生香濃黑醋栗、西洋杉、胡椒等的風味，其葡萄皮與籽含大量單寧，所以澀味較重。

2. 梅洛 (Merlot)

種植的產量大而且早熟，製酒後飲用起來細膩而優雅，非常圓潤。氣味帶有黑李香味，香味濃郁。味覺的酸度低、單寧不高，適合短期熟成酒的製造。例如在舊世界產區多用梅洛混搭調製其他品種製造紅酒，而新世界產區有許多酒款以單一梅洛品種釀造而成。

3. 席哈（Syrah 或 Shiraz）

原為舊世界產區的主要品種例如法國隆河河谷地區 (Rhone Valley)，現在是新世界釀酒區的重要葡萄酒品種，尤以澳洲的種植面積最大。香氣含有黑櫻桃及胡椒的氛圍，釀製出來的紅葡萄酒顏色呈深黑紅色。因單寧含量偏高，故酸澀味亦偏重。

（二）白葡萄酒品種

1. 夏多內 (Chardonnay)

　　所釀之白酒，呈明亮的黃綠色，味道略酸且有水果香味。在寒帶產區的夏多內帶有柑橘類果香，會產生高果酸、酒精偏淡、果香重的特點；在熱帶產區的夏多內則帶有近似瓜果或蘋果的香氣，會產生果酸適中、酒精適中、果香清淡的特點。原是法國勃艮地 (Bourgogne 或 Burgundy) 的特有品種，具有早熟的特性。

2. 白蘇維儂 (Sauvignon Blanc)

　　所釀之白酒有青草味、綠色植物香味、果香 (檸檬) 味、及煙燻之香氣。在口感上較一般白酒酸度高，單獨並不容易釀成佳釀，通常會和其他品種混合釀造出不需陳化即可飲用的白酒。原產自法國羅亞爾河流域 (Loire)，屬於清爽型的酒，是熟成時間較短即可飲用的白酒類。

3. 瑞絲玲 (Riesling)

　　主要產自於德國南部與法國西北部，適合在較寒冷的天氣生長。瑞絲玲的香味除了果香與礦石之外，更常出現獨特的汽油氣味，混合著火藥、煙燻和焦油的酒香，非常特別。德、法二國的酒廠所釀製的風格均不一樣。法國的瑞絲玲酒精濃度比較高，一般約在 12% 以上，口感比較柔順豐厚；德國的瑞絲玲酒精度很低，很少超過 10%，味覺比較偏酸。

二、酒標的認識

　　圖 7-3 可以讓我們來充分認識及瞭解酒標，以下分別說明酒標的認識：

1. 年份：表示該瓶葡萄酒的葡萄採收年份，例如：2003 代表葡萄收成於西元 2003 年。

2. 莊園：主要分為城堡 (Château/Castle)、莊園 (Vineyard) 及酒生產公司 (Wine Company) 三種類型，為該瓶酒的製造者。

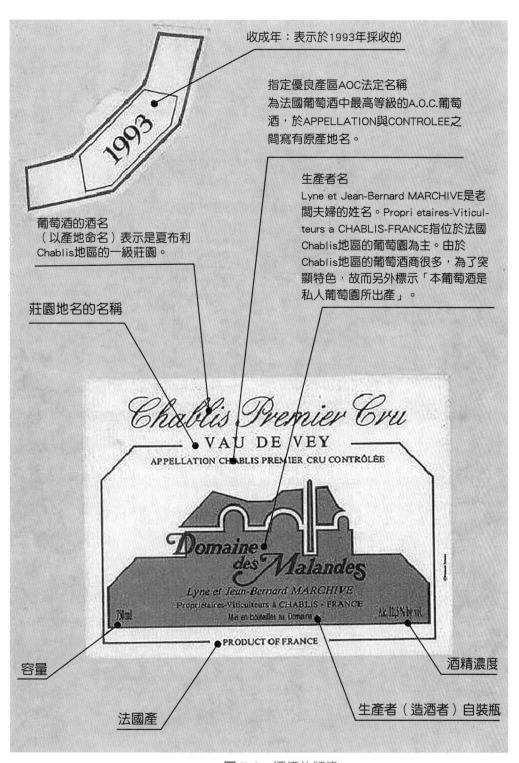

收成年：表示於1993年採收的

指定優良產區AOC法定名稱
為法國葡萄酒中最高等級的A.O.C.葡萄酒，於APPELLATION與CONTROLEE之間寫有原產地名。

生產者名
Lyne et Jean-Bernard MARCHIVE是老闆夫婦的姓名。Propri etaires-Viticulteurs a CHABLIS-FRANCE指位於法國Chablis地區的葡萄園為主。由於Chablis地區的葡萄酒商很多，為了突顯特色，故而另外標示「本葡萄酒是私人葡萄園所出產」。

葡萄酒的酒名
（以產地命名）表示是夏布利Chablis地區的一級莊園。

莊園地名的名稱

容量

法國產

生產者（造酒者）自裝瓶

酒精濃度

• 圖 7-3 酒標的認識

3. 生產者名稱：有時在酒標上會和莊園並列為同一個。主要是指該地區的主要生產莊園超過一個以上時，就會列出生產者名。

4. 裝瓶者：常見於法國酒的酒標並由 Mise en bouteille par（法文「裝瓶」之意）開頭，後接裝瓶者名稱。此標示是為了釐清生產者與裝瓶者之間的差別。

5. 酒名：指該酒的名稱，一般酒標若無酒名時會以莊園名稱或生產者名稱來當作酒名。

6. 產區分級名稱：葡萄酒的產區有明確分級。

7. 產地：主要指出產國別。例如：法國酒會標出 Made in France。

8. 容量：一般以 0.75 公升 (750ml) 為標準瓶，但不同地區亦有不同大小容量的酒瓶。

9. 酒精濃度：由於高濃度的酒精會殺死讓葡萄發酵的酵母菌，因此酒精濃度高於 16 度的紅白酒非常少見。一般酒的酒精濃度通常介於 9~14 度之間。按不同的生產過程，紅酒酒精濃度約在 13~13.5 度左右。

三、葡萄酒的產區分級

　　世界上主要產酒的分級標準以法國農業部下的國家法定原產地學會 I.N.A.O.(Institut National des Appellations d'Origine) 與法國國家葡萄酒行業管理局 ONIVINS(Office National Interprofessionnel des Vins) 訂立的最明確，其他國家繼起效仿亦定有類似制度。表 7-2 葡萄酒產區分級表，將法國四大葡萄酒等級依分類做簡介：

- 表 7-2　葡萄酒產區分級表

分級	標示	規定
日常餐酒： （ONIVINS 管轄）	Vin de Table (VDT)	僅規定酒精濃度必須高於 8.5% 度、低於 15% 度。對於產地、品種、耕種方式及生產方式等並沒有限制，是法國等級最低的葡萄酒，因此在瓶標上不能標示任何葡萄酒產區名。
鄉村酒： （ONIVINS 管轄）	Vin de Pays (VDP)	規定必須是來自於限定產區內種植的葡萄，其耕種方式必須是於每公頃的葡萄農地中所生產的葡萄酒產量低於 9,000 公升。所釀製的葡萄汁中其所含有的天然酒精濃度必須高於 9% 度。其成品需經專家評定符合一定的評鑑標準。
原產地優良葡萄酒： （INAO 管轄）	Vins Délimités de Qualité Supérieure (VDQS)	是法國地區品質較優良的葡萄酒邁向 AOC 級別之過渡時期所必須經歷的級別，酒標上又經常另標為 Appellation d' Origine Vin de Qualité Supérieure (AOVDQS)。
原產地法定管制葡萄酒： （INAO 管轄）	Appellation d'Origine Controlée (AOC)	為保護消費者及生產者的權益不受侵害，INAO 對欲掛上法國產地銷售的各類葡萄酒，都須通過該學院之鑑定，才能以 AOC 的原產地法定管制產區葡萄酒上市。INAO 對於 AOC 等級之葡萄酒的產地、品種、耕種方式及生產方式均有嚴格的限制。

🛎 7-2　葡萄酒的釀造及保存方式

一、葡萄酒的主要釀造過程

　　葡萄酒的釀造過程會依照種類的不同而有不同的釀造方式，一般葡萄酒的種類可分為：紅葡萄酒、白葡萄酒、氣泡葡萄酒、香檳酒、強化葡萄酒，以及加味葡萄酒，其釀造過程如表 7-3 所示。

• 表 7-3　葡萄酒的主要釀造流程表

葡萄酒類	葡萄酒主要釀造過程
紅葡萄酒	一般紅葡萄酒：1. 採收→ 2. 破皮去梗→ 3. 榨汁→ 4. 發酵→ 5. 酒槽中培養→ 6. 過濾→ 7. 調配→ 8. 橡木桶中培養→ 9. 澄清→ 10. 裝瓶。
	新酒（例如：薄酒萊 Beaujolais）：1. 採收→ 2. 二氧化碳浸皮→ 3. 榨汁→ 4. 浸泡→ 5. 輕微發酵→ 6. 酒槽中輕微培養→ 7. 澄清→ 8. 裝瓶。
白葡萄酒	1. 採收→ 2. 破皮→ 3. 榨汁→ 4. 澄清→ 5. 酒槽中發酵→ 6. 酒槽中培養使之熟成→ 7. 澄清→ 8. 裝瓶。
氣泡葡萄酒（香檳酒）	香檳酒：1. 採收→ 2. 榨汁→ 3. 酒槽發酵→ 4. 培養→ 5. 除渣→ 6. 澄清→ 7. 裝瓶→ 8. 添加糖及新酵母→ 9. 窖藏時轉動瓶身→ 10. 瓶中二次發酵成酒。
	一般氣泡酒：1. 採收→ 2. 榨汁→ 3. 酒槽發酵→ 4. 培養→ 5. 除渣→ 6. 澄清→ 7. 裝瓶→ 8. 機器打入二氧化碳成酒。
強化葡萄酒	1. 調配後的葡萄酒汁液→ 2. 加上白蘭地或其他中性烈酒或食用酒精使之停止發酵→ 3. 橡木桶中培養→ 4. 澄清→ 5. 裝瓶。
加味葡萄酒	1. 調配後的葡萄酒汁液→ 2. 加上藥草或香料→ 3. 槽中培養→ 4. 澄清→ 5. 裝瓶。

二、葡萄酒的保存方式

　　葡萄酒若缺乏妥善的保存，將會使其失去應有的品質，其貯存方式有幾項要領：

1. 應密封裝箱，並避免時常搬動，以免因震動而喪失原味。

2. 酒瓶標籤及瓶塞須保持完好。

3. 葡萄酒瓶應以水平放置的方式存放。用意在使瓶口的軟木塞能和酒充分接觸，保持溼潤，避免因太過乾燥而於開瓶時斷裂，進而影響品酒時的品質；同時可阻擋空氣進入，而使葡萄酒不易失去應有的原味。

4. 在保存期間要注意貯存地的溫度控制以 10~12℃ 之間為葡萄酒最理想的溫度貯存範圍。

5. 避免太強烈的光線照射，盡量放置在陰涼的地方，最好保持在黑暗狀態下。

6. 控制貯存地的溼度，一般多保持在 65~75% 的範圍，避免過溼或過乾的情況。

7. 貯存地區勿同時存放其他物品，以免在存放期間，酒因吸取雜味而變質，尤其要避免與有特殊氣味之物品共存。

8. 一般餐廳存放葡萄酒有幾種方式：

   (1) 使用簡單酒架來存放，並未針對溫度及溼度來控制。

   (2) 購買能控制溫度、溼度且隔離光線的酒櫃，以保存較珍貴的葡萄酒。

   (3) 較具規模的餐廳設有專門貯存的酒窖，不僅對貯存環境做良好控制，且因存放空間大，可容納多種酒類。

🔔 7-3　葡萄酒器皿及酒具的認識

一、葡萄酒的酒器認識

品項	說明
T 型侍酒開瓶器 (T-Corkscrew) 	最早的葡萄酒開瓶器之一，使用簡單卻不是很方便，一般人若未使用過，很容易在開酒的霎那將酒瓶砸爛。

品項	說明
侍者之友 (Waiter's Friend) 	為英國人所發明，是目前專業人士最常用的開酒器之一，攜帶簡單且使用方便，開酒時架式十足。
薄片型（老酒）開瓶器 (Ah-So) 	為法國人所發明，此開瓶器可以保持瓶塞的完整性。此外，若是老酒的瓶塞腐朽，不適合以羅紋型的開酒器開酒，此型之開酒器可以防止瓶塞在開酒時斷落瓶底。此類開酒器操作不易。
蝴蝶型開酒器 (Butterfly Corkscrew) 	蝴蝶型開酒器適用於忙碌的餐飲場合，是目前開酒器當中最方便的開酒器種類。

二、常見葡萄酒用杯 (Wine Glasses)

在品嘗葡萄酒時，會有略苦味的澀感，那是因為單寧的作用，有人喜歡、有人不喜歡。單寧主要來自於葡萄皮、葡萄籽、葡萄梗，在發酵時被萃取出來，為葡萄酒增添豐富的風味。

美味是來自懂得感受單寧的口感，因此在酒杯的設計上，也會考量到喝入口的口感，不同的酒要使用不同的酒杯，正確的挑選酒杯，才能真正喝到葡萄酒的美味，才是真正的懂喝哦！

(一)一般紅酒杯

為了減緩單寧乾澀的口感，需要增加紅酒與空氣接觸的時間，因此一般紅酒杯的設計會使杯肚加寬，除了可以達到醒酒的功能，更能釋放紅酒濃郁的香氣。

(二)勃根地紅酒杯

勃根地紅酒的特色在於單寧低、酸度高，避免酒液停留在舌頭根部，造成對酸的不適感，因此酒杯的杯緣設計，能使酒液直接流進舌尖，再順著舌頭兩側流動，增加與口腔壁的接觸，突顯勃根地紅酒柔美細緻的口感。

(三)波爾多紅酒杯

波爾多紅酒的特色為單寧高、有厚實感，因此酒杯的杯緣設計，能使酒液引導至舌頭中央，減少單寧直接與口腔接觸，可使波爾多葡萄酒強壯單寧在口腔中變得柔順，不會太凝重。

（四）白酒杯

　　由於白酒當中幾乎無單寧，因此不需要與空氣長時間接觸，因此在酒杯設計上與紅酒杯不同，不需要有寬大的杯肚。杯身的設計比紅酒本細長，目的是為了減緩氧化速度，並且能有效的聚集香氣，可將白酒獨特的風味展現出來；杯緣的設計則是類似波爾多紅酒杯，可將酒液引流至舌頭中央，呈現完美的觸感體驗。

（五）香檳／氣泡酒杯

　　為了能夠展現香檳／氣泡酒細緻的氣泡，因此將杯身設計成細長、杯口窄小的款式，讓倒入酒液時，氣泡能從杯底華麗登場，並且香氣也不易散去，在飲用時能有視覺及嗅覺的雙重享受。

三、其他常見葡萄酒用具

品項	說明
醒酒瓶 (Decanter)	將開瓶後的葡萄酒倒入醒酒瓶中，酒流入瓶中的過程中，葡萄酒沿著瓶壁流入瓶底，增加與空氣混合的機會以達到醒酒的目的。醒酒瓶通常有比較寬的腰身可以讓葡萄酒與空氣接觸的面積增大。
酒環 (Wine Collar/ Wine Ring)	酒環是葡萄酒服務的配件，用於酒瓶的脖子上。在服務時它可以吸收滴出來的紅酒滴，保持酒瓶瓶身的乾淨，並防止紅酒污漬留痕瓶子表面或滴上桌布。
醒酒注酒器 (Decanting Pourer)	在服務時，注酒器可以順利將酒倒出，防止酒漬滴落。現今許多注酒器同時亦有醒酒的功能。

7-4　葡萄酒、香檳飲用法及品鑑

一、葡萄酒及香檳的品鑑

根據專家的建議，基本的葡萄酒適飲溫度如下：

• 表 7-4　葡萄酒及香檳的品鑑比較表

種類	適飲溫度	一般冷藏方式	飲用說明
紅葡萄酒	15~18℃	保持在室溫即可，室溫若過高，可暫時將紅葡萄酒放進冰箱 1 小時，以降低溫度。	紅酒含葡萄果皮中的單寧酸(Tannin)，一般在品鑑中應把臺灣人不偏好的澀味納入說明，並詳細說明澀味對肉類搭配的味覺影響。紅酒一般適飲年紀應在 5~6 年以上。新酒則應在 6 個月之內。
白葡萄酒	10~12℃	放進冰箱 2 小時，或是放在冰桶內 30 分鐘。	由於製造方式是由白葡萄品種或是紅葡萄品種去皮釀製，白酒通常呈現酸甜味且較無澀味。白酒的熟成一般在 1~3 年之間就已達到適飲年紀。
粉紅（玫瑰）葡萄酒	10~12℃	放進冰箱 2 小時，或是放在冰桶內 30 分鐘。	各家酒廠用不同比例的紅白葡萄品種調製而成，通常爽口好喝，適合搭配各種菜餚，一般是初學者宴客點酒或不知客人品味時的保險酒類。
香檳酒	3~6℃（4℃為最佳飲用溫度）	放進冰箱 3 小時，或是放在冰桶內 45 分鐘即可。	香檳酒一般均適合餐前或餐後飲用，菜餚的搭配容易，幾乎沒有限制。

（一）品鑑紅白酒類需遵守下列三個步驟

1. 眼看：觀察不同酒類的顏色，得知葡萄酒的顏色和年紀。

2. 鼻聞：手中輕輕旋轉搖晃酒杯後，用鼻子聞出葡萄的香氣區別、品種及產區。

3. 嘴嚐：輕抿著酒在嘴中，讓酒流過口內及舌面四處，輕漱後可吞嚥下或吐掉。此時用嘴嚐出葡萄酒的味覺區別、品種、年紀與產區。

（二）品鑑香檳酒或氣泡酒類需遵守下列四個步驟

1. 眼看：觀察氣泡的細緻度。

2. 耳聽：聽出氣泡的綿密度及爆裂聲度。

3. 鼻聞：此時切忌搖晃酒杯，因為香檳酒著重在氣泡揮發的細微香氣上，若搖晃酒杯，會將氣泡搖散，不利品鑑。

4. 嘴嚐：嚐出氣泡在味蕾上爆裂後散發的餘韻。

二、葡萄酒的飲用要點

1. 紅酒一般不加冰塊或冷藏飲用，因為溫度太低會鎖住紅酒的香味與特殊風味。

2. 紅酒一般需經醒酒的動作，因為紅酒在封閉的瓶中沉靜、醞釀且緩慢熟成，在開瓶後的 20~40 分鐘間如同鮮花綻放，熟成度逐漸達到高峰，此時香味最佳適合搭菜。

3. 紅酒適飲的溫度約在 15~18℃ 之間。溫度過高，容易造成紅酒走味；溫度過低，則不容易喝到酒香。

4. 一般紅酒開瓶後常溫下可保留 3~5 天，臺灣地區夏季的常溫下 30℃ 約只有 1~2 天的保存期。過期的紅酒通常成為酸醋 (vinegar)，只能做菜用。

5. 因紅酒中的單寧較高，所以澀味會偏重，一般可建議客人搭配紅肉以轉化肉味中的腥味成淡酸味，以柔化口中肉類食物的咀嚼質地。

新酒一般於每年 11 月的第 3 個星期四會向世界同步推出，例如：法國薄酒萊 (Beaujolais)，其飲用的特點為：

1. 需於 3 個月內消耗完畢，超過 6 個月的新酒不適飲。

2. 開瓶後可立即享用，不必經過醒酒的動作。

3. 適飲的溫度約在 10~14℃之間。

4. 薄酒萊只分為三個等級：優等莊園薄酒萊 (Beaujolais Crus)、優等村莊薄酒萊 (Beaujolais Villages)、一般薄酒萊 (Beaujolais)。

5. 以搭配清淡的食物為原則，避免口味重的醬汁，或腥味重食物。例如：前菜中的生菜、沙拉，主菜中的豬肉、雞肉及味輕的乳酪或起司。

三、白酒與粉紅（玫瑰）酒的飲用要點

1. 白酒及粉紅酒一般需用冰桶加冰塊或冷藏後飲用，因為白酒的甜酸味偏高，而粉紅酒一般多為調製酒，冰鎮後飲用風味更佳。

2. 白酒亦需醒酒，一般視酒類、品種或生產方式而定，時間長短不一，約在 20~40 分鐘內即可。

3. 白酒適飲的溫度約在 10~12℃之間。溫度過高，容易造成白酒味走失，甜味偏重。

4. 一般白酒開瓶後可冷藏保留 5~7 天，過期的白酒通常香氣與風味盡失。

5. 因白酒因為香氣較清淡與味道偏甜，一般可建議客人搭配白肉以發揮像是海鮮、雞肉中的鮮味。

四、香檳酒的飲用要點

(一)香檳酒杯認識

只有在法國香檳區生產註冊的酒才可稱為正統的香檳酒 (Champagne)。需使用香檳酒的特別用杯，一般可分為長香檳杯、鬱金香香檳杯、寬口香檳杯、義大利直式香檳杯。

鬱金香香檳杯　　　　長香檳杯　　　　寬口香檳杯　　　義大利直式香檳杯

• **圖 7-4** 各式香檳杯

（二）香檳酒的甜度分類認識

1. 絕干（Brut Natural 或 Brut Zéro）：每公升含有少於 3 克的糖份。

2. 特干 (Extra Brut)：每公升少於 6 克的糖份。

3. 干 (Brut)：每公升少於 15 克的糖份。

4. 半甘或半干 (Extra Sec 或 Extra Dry)：每公升含有 12~20 克的糖份。

5. 甘 (Sec)：每公升含有 17~35 克的糖份。

6. 特甘 (Demi-Sec)：每公升含有 33~50 克的糖份。

7. 絕甜 (Doux)：每公升含有 50 克以上的糖份。

（三）香檳酒的製造品種有三種

1. 皮諾慕涅 (Pinot Meunier) 占香檳區總產量約 40%。

2. 黑皮諾 (Pinot Noir) 占香檳區總產量約 35%。

3. 夏多內 (Chardonnay) 占香檳區總產量約 25%。

（四）最佳飲用時機

　　香檳酒的適飲溫度為 3~6℃（4℃為最佳飲用溫度），所以需冰鎮或冷藏。香檳酒一般均適合餐前或餐後飲用，菜餚的搭配容易，幾乎沒有限制。

7-5 葡萄酒及香檳服務作業

◎餐廳葡萄酒的服務流程

呈遞葡萄酒酒單 → 點酒 → 秀酒 → 開酒 → 試酒 → 服務酒

一、呈遞酒單

1. 拿酒單時應用右手肘拿貼身，不可夾在腋下。

2. 呈遞酒單時，從客人的右側，輕輕的將酒單放在客人桌位正中間，注意正面標幟朝上，並且應放正。

3. 原則上遞給向你詢問酒單的客人或主人。

4. 酒單遞送完畢，暫時離開客人桌位，讓客人有時間看完酒單。

5. 由領班級以上幹部介紹，推薦適合搭配餐點的酒。

二、點酒

1. 以客人所點的菜為考量優先選擇紅酒或白酒。

2. 可詢問客人是否有特別喜歡的產區或是國家作為選擇。

3. 當客人決定時，請複誦一次客人所點的酒。

4. 陳年紅酒較有可能有沉澱物，要小心端進餐桌，不要上下左右搖動。

5. 點酒後，先為客人準備酒杯，擺放酒杯，並依規定位置擺放（在水杯下方）。

6. 若客人有點用香檳或是白酒請先準備冰桶。

服務點酒的技巧

※ 點酒三原則

1. 依顧客所點之菜餚。

2. 依顧客之偏好。

3. 依顧客可接受之價位。

※ 點酒先後原則

1. 先喝白酒，後喝紅酒。

2. 先喝淡酒，後喝濃酒。

3. 先喝新酒，後喝陳酒。

4. 先喝有氣泡酒，後喝無氣泡酒。

5. 先喝低酒精酒，後喝高酒精酒。

三、秀酒

在顧客點酒後，應向客人展示該瓶酒。展示時應站在點酒客人的右前方，並將酒標朝向客人。注意事項如下：

1. 服務開酒之前，須給主人驗酒，先作秀酒。

2. 從客人右側將酒籤向著客人給主人過目，並說明酒標上的「酒名」、「年份」、「產區」。

3. 客人確認無誤後才可進行開酒。

4. 如果誤解客人的意思而拿錯了酒，經客人發現應立刻更換。

四、開酒

（一）紅酒及白酒

1. 開紅／白酒時請將酒標對向客人。

2. 開紅酒時，可在服務桌上開酒；開白酒時，請在冰桶裡開酒。

3. 用小刀將軟木塞及瓶口交接處的錫箔紙割一道細口（不可轉動酒瓶）以 2 刀為主，然後剝開，注意絕對不使用指甲剝除。

4. 使用乾淨的服務巾擦拭軟木塞及瓶口部分，因陳年的酒在瓶塞上面常發現生霉。

5. 用開瓶器的螺旋鑽垂直插進軟木塞正中央，需很小心地用恰好的力量往下鑽，以免軟木塞破損。

6. 待開瓶器的尖端觸及瓶邊時即緩緩拔出。

7. 拔出至 2/3 處，用手輕晃取出，不可有響聲。

8. 再度把瓶口附近擦拭乾淨。

9. 軟木塞拔出後須確定是否受損，並聞聞看酒是否變質（例如：發酵、變酸等）確定軟木塞無不良情形後，將軟木塞放在此瓶酒取下之錫箔，並置於主人酒杯右邊給客人。

（二）香檳酒

1. 先把瓶頸外面的小鐵絲圈扭開，一直到鐵絲帽裂開為止，然後把鐵絲及錫箔剝掉。

2. 拿酒瓶時應用服務巾包著酒瓶，以保持酒的溫度。

3. 以 45 度的角度拿著酒瓶，用左手姆指壓緊軟木塞，右手將酒瓶扭轉，使瓶內的氣壓從軟木塞打出來，使軟木塞鬆開。

4. 待瓶內的氣壓彈出軟木塞後繼續緊壓軟木塞，並繼續以 45 度的角度拿酒瓶。

5. 慢慢地取出軟木塞，並須聞聞看是否變質，然後將軟木塞放在 6 吋盤上置於主人杯子之右邊。

6. 用服務巾稍微擦拭瓶口附近。

7. 開瓶時千萬不可有「波」聲發出。

五、醒酒／過酒

又稱作換瓶 (Decant)。過酒這個步驟不一定會有，除非酒中有沉澱物 (Sediments) 才會過酒。但醒酒卻是一定要做，通常有 2 種方式：

1. 酒留原瓶的醒酒方式，等待時間較長一般約 20~40 分鐘。

2. 用過酒方式醒酒，等待時間較短，過酒完畢即刻可喝。

六、試酒

1. 試酒是要讓客人確認酒的品質，口感確認無損壞。

2. 開完酒後，須先讓點酒的客人或主人做試酒

3. 試酒時也要小心，不使瓶中的沉澱物攪亂。

4. 試酒之前，用乾淨的服務巾擦拭瓶口上面所遺留的軟木顆粒，以及其餘夾雜物。

5. 先倒一口的份量至點酒客人的杯中，讓客人試酒。

6. 當客人再試酒時，請用秀酒的方式站至一旁。

7. 當客人點頭確認無誤才可進行倒酒。

七、服務倒酒

1. 成對的夫婦或男女，先給女士倒酒。

2. 對於宴會團體，先給主人右邊的客人倒酒，然後按照反時針方向逐次倒酒，最後才輪到主人。

3. 倒酒時，右手持酒，而酒瓶的標籤對著客人，使客人容易看到的位置。

4. 倒酒時，直接倒進餐桌上的酒杯中，不要另一手舉杯。

5. 倒滿酒杯 1/2 時，把酒瓶轉一下，使最後一滴留在瓶口邊緣，不使其滴下來而弄髒桌布。

6. 所有客人的酒杯都倒完酒之後，把酒放置於主人的服務檯上。

倒酒注意事項

※ **倒酒時不論何種酒，酒標均需朝上。**

1. 紅酒以倒滿不超過 1/2 杯為原則。

2. 白酒以倒滿不超過 2/3 杯為原則。

3. 香檳酒要分二次倒酒，第一次先倒到氣泡滿至杯口處停止，第二次待氣泡消散後再斟滿。

八、服務葡萄酒的注意事項

1. 紅酒的溫度應保持在室溫下約 15~18℃。

2. 白酒及玫瑰酒須事先冷卻，溫度應保持在 8~12℃。

3. 在服務白酒之前可先置於冰桶內，冰桶盛裝 1/2 冰塊及水，事先冷卻 15 分鐘。

4. 服務白酒冰桶上面用乾淨疊好的服務巾蓋著，然後拿進餐廳。

5. 服務白酒時不可一次倒 1/2 滿，大約 1/3 的份量以免酒不冰影響口感。

6. 服務香檳時的動作是兩次，先倒大約酒杯容量的 1/3，待泡沫消失時，再倒滿至七分滿。

7. 隨時注視餐桌上的酒杯，若客人沒有酒或剩下 1/3 時，需主動前往倒酒。

8. 倒酒時，酒瓶的酒不可完全倒完，以免倒出沉澱物。

9. 酒快要喝完了，可請示或建議主人點第二瓶酒：

    (1) 倒空了的酒瓶要先給主人看過才可以收離桌子。

    (2) 通常 5~8 年以上或更陳年的紅酒約 30~40 分鐘醒酒，如客人吃的是多道的餐，應該於斟完第一次酒後便詢問主人是否要再加開第二瓶（以便於第一杯喝完後尚有第二瓶可繼續服務客人）。

10. 服務第二瓶酒時，依然須給主人驗酒、試酒（別忘了帶一個乾淨的新杯子去試酒），注意試酒應換新酒杯。

7-6 認識餐前酒、餐後酒及服務特點

餐前的酒英文稱作 aperitifs；而餐後酒的英文稱作 digestives。顧名思義餐前酒是用來開胃的，所以又稱開胃酒；餐後酒是用來消化的，所以一般稱為消化酒。開胃酒的形式多為人工調製酒；消化酒則多為酒精濃度偏高的酒類，以幫助消化。但現今餐廳或飲店隨著各地的飲酒風俗不同，其間的分界已不再非常清晰。現將一般認知之餐前酒與餐後酒服務方式分類詳述如下：

一、餐前酒介紹

不甜通常是餐前酒的共通特色。其原因很簡單，先想想為什麼甜點要放在正餐後吃？因為甜味會讓人有飽足感，而餐前酒是開胃酒，若有大量甜分，很難達到開胃的目的。

（一）加味酒葡萄酒 (Flavored Wine)

1. 茴香酒 (Anisette)

   茴香就是八角的一種，其汁液萃取出來濃度非常高，很少直接飲用，需要經過稀釋後才比較適飲。茴香酒加上水後會從淺黃色變成乳白色，相當特別。

   ▎服務特點

   (1) 將少許一定量之茴香酒液倒入酒杯中，並以該酒杯直接上桌。上桌時需附上一小壺冷開水或冰開水讓客人自己調配使用。

   (2) 客人點購前，應先說明該酒的風味，一般東方客人較無法接受茴香酒的特殊氣味與口感。

2. 苦艾酒 (Vermouth)

   分為甜苦艾酒 (Sweet Vermouth) 與不甜苦艾酒 (Dry Vermouth) 二種。不甜苦艾酒適合搭配其他飲料作開胃酒。

(1) 苦艾酒可單喝或加入氣泡類之碳酸果汁、薑汁汽水、奎寧水或氣泡礦泉水搭配使用。若單喝,可將一定量之苦艾酒液倒入酒杯中,服務時另附上冰塊供客人搭配取用。

(2) 苦艾酒通常以古典酒杯或平底高杯服務顧客。

3. 苦味酒 (Bitter)

著名的加味苦味酒有金巴利 (Campari) 和多寶力 (Dubonnet)。其服務方試與苦艾酒類似。

(二) 加烈 (強化) 葡萄酒 (Fortified Wine)

1. 波特酒 (Port)

為葡萄牙波特港 (Oporto) 地區生產之著名酒類,適合餐前搭配前菜或小點使用。波特酒大部分為微甜與極甜等,不甜的波特酒產量極少。餐前酒中,不甜 (Dry) 和微甜 (Demi-Dry) 的波特酒都適合開胃佐餐。可以常溫飲用或稍加冰鎮飲用。

服務特點

波特酒的顏色近於一般的紅葡萄酒,可使用其專用酒杯服務顧客。

2. 雪莉酒 (Sherry)

為西班牙生產之著名酒類,亦適合餐前搭配前菜或小點使用。雪莉酒大部分都顏色偏淡,從淺黃色到深琥珀色都有,雪莉酒分為不甜、微甜與極甜等。

服務特點

(1) 可使用其專用酒杯服務顧客。

(2) 通常餐前酒以不甜的雪莉酒 (Dry Sherry) 為主,可以常溫飲用或稍加冰鎮飲用。

3. 馬德拉酒 (Madeira)

為北大西洋上非洲西海岸外一個屬於葡萄牙的群島名，其間所產的加烈酒亦以其島之名而命名。

服務特點

(1) 不甜的馬德拉酒可以用作開胃酒，較甜的馬德拉酒亦可當成餐後酒飲用。

(2) 馬德拉酒可以常溫飲用或稍加冰鎮飲用。

(三) 氣泡酒 (Sparkling Wine)

◎ 絕干 (Brut Natural)、特干 (Extra Brut)、干 (Brut)

餐前酒以不甜之氣泡酒較佳，例如：絕干、特干和干和 Brut Natural 等三種。著名的品牌有法國香檳 (Champagne)、義大利阿斯提 (Asti) 等。

服務特點

以氣泡酒專用杯供應使用，使用前必須長時間冰鎮才能上桌服務。

(四) 餐前雞尾酒 (Pre-dinner Cocktail)

◎ 各類雞尾酒

餐前酒需有帶微酸味、澀味或不甜的酒類來開胃較適合。該類餐前雞尾酒以曼哈頓 (Manhattan)、馬丁尼 (Martini)、藍鳥 (Blue Bird)、威士忌酸酒 (Whisky Sour)、瑪格麗特 (Margarita) 等最為暢銷。

服務特點

雞尾酒都必須冰鎮或加冰使用，因此常因冰融化而沾濕桌面，所以服務時通常會附上杯墊。

餐前酒及餐中酒服務技巧

一、點用前注意事項

1. 先介紹餐廳之飲料及飯前酒，然後由女士開始依順時針方向一一點餐前飲料，其次為男士，最後為男主人；如為情侶或夫妻，則以女士優先。

2. 如果為較大的宴會團體，則將所點之飲料寫在座次平面圖上。

3. 可先介紹餐廳內目前所促銷之飲品。

4. 詢問點什麼飲料時請使用已假設問法，例如：餐前先幫您準備果汁還是開胃酒？請不要使用是或否的問法，例如：請問您是否要點餐前飲料？

5. 將客人點好的飲料在第一時間送至吧檯。

二、服務餐前酒

1. 飲料或酒準備好後儘快服務客人。

2. 依平面圖所示服務客人，服務順序為：如為夫婦或情侶，以女士優先服務，如為宴會團體，以女士優先，然後依順時針方向服務女士，其次為男士最後為男主人。

3. 從客人右邊用右手將飲料或酒放置於緊靠水杯右下方 45 度處。

4. 客人幾乎用完飲料或酒類時，應趨向桌前問客人是否要再來一杯，儘量推銷，以增加營業額。

5. 從客人右側撤走飲用完的杯子。

三、服務餐中酒

1. 介紹並推薦飯中酒，依客人要求呈送酒單。

2. 佐餐酒多為紅酒或白酒，依客人所點用的餐點不同，可搭配不同的酒類。

3. 客人使用完餐前酒後或是在點完菜之後，可適時的詢問佐餐酒。若客人並無意願請停止再推薦。

4. 服務主菜前，可再次詢問客人是否須搭配佐餐酒以提升主菜風味。

二、餐後酒介紹

（一）利口酒 (Liqueur)

◎ 香草類利口酒、堅果類利口酒、水果類利口酒、奶蛋類利口酒

利口酒與加味葡萄酒不同，利口酒是用白蘭地為基酒，加入果汁和糖漿再浸泡各種水果或香料之植物而製成。著名的品牌有：光陀橙味香甜酒 (Cointreau)、貝禮詩甜（奶）酒 (Bailey's)、阿瑪利托杏仁香甜酒 (Amaretto)、極樂利口酒 (Killepitsch) 等。

服務特點

由於利口酒屬烈酒，本身甜味偏重，可增加飽足感。飲用時可加冰塊一起飲用。

（二）白蘭地 (Brandy)

◎ 干邑 (Cognac)、雅邑 (Armagnac)

白蘭地以法國生產的最著名，知名的品牌有軒尼詩 (Hennessy)、人頭馬 (Rémy Martin)、馬爹利 (Martell) 等。等級約分為七級：1.VS (very special)、2. VSOP (very special old pale)、3. XO (extra old)、4. Napoleon、5.X (extra)、6. Vieux、7. Hors d'âge。

服務特點

(1) 餐後酒的白蘭地以客人的偏好或飲用習慣為主。

(2) 上桌服務時以白蘭地酒專用杯 (Brandy Snifter) 供顧客使用。白蘭地是以溫熱喝法為主的酒類，通常客人會以手溫杯，讓酒氣微醺而散發出來。

（三）氣泡酒 (Sparkling Wine)

◎ 絕甜 (Doux)、甘 (Sec)、特甘 (Demi-Sec)

餐後酒以微甜或較甜之氣泡酒為佳，例如：Doux, Sec 和 Demi-Sec 等三種。著名的品牌有法國香檳 (Champagne)、義大利阿斯提 (Asti) 等。

以氣泡酒專用杯供應使用，使用前必須長時間冰鎮才能上桌服務。

（四）加烈 (強化) 葡萄酒 (Fortified Wine)

◎ 波特酒、雪莉酒

微甜與極甜的波特酒與雪莉酒，極適合作餐後酒飲用。

服務特點

服務時，可以常溫或稍加冰鎮服務顧客飲用。

（五）甜白酒 (Vin Doux Naturel)

◎ 法國貴腐甜白酒、德國甜白酒 (冰酒)

一般人視甜白酒為偏甜的白酒 (Sweet White Wine)。事實上是，由於長期的市場演進，這一類的白酒已慢慢走出自己在酒類領域的一席之地。

服務特點

極適合在餐後飲用。服務時，一定要冰鎮透徹。

餐後酒服務技巧

1. 當客人用完餐並將桌面整理完後，可適時主動呈遞飲料單，詢問客人是否需要餐後酒。

2. 將客人所使用完的佐餐酒杯或餐酒杯清空。

3. 餐後酒的種類多，可一一向客人推薦。

4. 可依循不同國籍的客人推薦客人自己國家的酒。

5. 視客人所點用的飯後點心，幫客人推薦適合的飯後酒。

6. 服務飯後酒時通常和飯後點心同一時間上桌。

學後評量

一、葡萄生長條件主要有哪些？

二、臺灣常見販售的紅葡萄酒品種有哪些？

三、一般餐廳存放葡萄酒有哪幾種方式？

四、品鑑紅白酒需遵守的三個步驟為何？

五、服務葡萄酒需注意的事項有哪些？

PART 02

旅館產業篇

Chapter 08

旅館業經營
基本認識

8-1 旅館業的基本介紹

一、旅館的定義

在臺灣旅館被定義為：「提供旅客住宿、餐飲及其他相關服務，並以營利為目的的一種公共設施。」並依據《發展觀光條例》第 2 條第 7 款規定，「觀光旅館業係指經營國際觀光旅館或一般觀光旅館，對旅客提供住宿及相關服務之營利事業。」

二、旅館業的類別

旅館業的類別可分為「依性質分類」、「依法令分類」與「依居住時間分類」三種，以下將分別說明之。

（一）依性質分類

1. **商業型旅館** (Commercial Hotel)

此類型旅館大多位於大都市中心或商業連鎖重鎮，經營方式皆趨向連鎖性經營方式。

2. **度假型旅館** (Resort Hotel)

多位於風景優美的海濱、山區或溫泉地，度假型旅館在國外均漸採用連鎖型經營，但國內人屬獨立經營為多，為適應淡季經營均採折扣優待以招攬旅客。

3. **公寓式旅館或居住性旅館** (Apartment or Residential Hotel)

此類型旅館大多位於大都市或交通便利的市郊，均採獨立經營方式為多，季節性影響不大，因而較無淡、旺季之別。

4. **機場旅館** (Airport Hotel)

此類型旅館大部分在機場旁邊或附近，國內業者以獨立經營較多，美國則以連鎖較多。

5. 汽車旅館 (Motel)

位於高速公路 (Free Way)、快速道路沿線兩旁 (High Way)、沿線兩旁公路上或風景區附近，至於國內的汽車旅館性質與國外並不完全相同，營運收入主要以客房短暫休息為最大宗，住宿次之，至於餐飲收入甚少。

6. 民宿 (Bed ＆ Breakfast, B ＆ B)

位於具自然、人文、生態景觀之休閒農林漁牧場附近民房，以接待來參觀農林漁牧生產環境，體驗鄉間生活情趣的旅客為主要對象。

7. 特種旅館 (Special Hotel)

(1) 賭場旅館 (Casino Hotel)：如美國拉斯維加斯及澳門之賭場旅館。

(2) 會議型旅館 (Conference Hotel)：如國際會議中心附設，或在大型展示中心週邊之旅館。

(3) 帕拉多 (Parador)：係指將有歷史價值之建築改建為旅館，此種古蹟旅館收費甚貴。

(4) 快艇旅館 (Yachtel)：係指一種遊艇旅館或可提供住宿的俱樂部。

(5) 水上旅館 (Water Chart)：係指建立在海灘上獨棟型的度假休閒旅館，該種旅館以東南亞居多。

（二）依法令分類

依《發展觀光條例》旅館可分為三項：觀光旅館、旅館、民宿，我國觀光旅館申請設立採「許可」制，一般旅館則採「登記」制。而一般大型旅館房間總數約在 300 間以上，中型旅館則在 100~300 間、小型旅館則在 100 間以下稱之為小型旅館。

（三）依居住時間分類

國外有些旅館會依照居住時間長短來做分類，一般分為以下 3 種類型：

1. 短期住宿旅館：係指旅客住宿停留時間在 1 周以下者。

2. 半長期住宿旅館：為旅客住宿期間介於 1 周以上、1 個月以內者。

3. 長期居住型旅館：長期趨住型旅館一般指旅客住宿停留時間長達 1 個月以上之旅客而言。

8-2　旅館客房設施的認識

一、旅館結構介紹

　　旅館在設計客房時會依據「樓層設施的規劃」與「客房設計理念」作為基礎，以下將分別說明之。

（一）客房設計理念

設計一個客房，就需要有下列這些功能，才能符合旅客住宿的目的。

1. 隱私：它也是旅客脫離人群自處的地方。
2. 起居：它是旅客會客更衣、進食、看電視的地方。
3. 臥房：它是旅客睡覺、休息、按摩的地方。
4. 盥洗：它是旅客盥洗的地方，包括：洗臉、刷牙等。
5. 浴廁：它是旅客洗澡、淋浴、如廁的地方。
6. 化妝：它是旅客化妝、整理儀容的地方。

（二）隱私權的設計訴求

　　客房設計的目的主要是為照顧到旅客的隱私權 (privacy)，因此客房先以「浴廁」、「衣櫃」在進門之最外側，再來才是設計「沙發」或「客廳」，最後考量才是「臥室」與「床鋪」的位置。

　　這種設計主要是利用衛浴所形成的屏障，形成臥房與床鋪的視覺、聽覺的隱私效果。同時當房客在衛浴的時候，也方便房客能掌握客房的各種狀況。衣櫃對著浴廁的設計，也是方便房客起居、更衣等生活作息。

（三）床鋪與客房搭配之設計訴求

　　床鋪與客房的設計主要是符合每個客房都可以提供兩位以上旅客住宿的功能，同時也要先規劃是否可以容納「加床」(extra bed) 的客房空間。若床鋪採用「普通雙人床」時就形成「雙人房」，若採用「大型床」或「特大床」，就形成「高級雙人房」或「豪華雙人房」。

（四）客房面積與客房種類

　　「面積」是旅館客房的另一重要分類依據，一般而言，面積越大，客房的房價也越貴，當然每一家飯店的客房面積標準並不一致，通常一般標準如下所列：

1. 單人房：需要有 25 平方公尺以上的面積。

2. 雙人房：需要有 45 平方公尺以上的面積。

3. 套房：需要有 60 平方公尺左右或者以上的面積。

（五）客房家具設計訴求

　　客房家具的設計概念，主要以輕巧、堅固、耐用、耐搬運、方便清潔等訴求為主，以配合不同習慣的房客更換住宿，以及不同清潔員輪流打掃的便利性、一方面可以兼顧房客需要，也有利於房務工作順利進行。舉例來說，茶几可選擇木質的較佳，玻璃的茶几容易被酒瓶碰壞破損。而人工皮面的沙發較絨布材質為佳，避免打翻飲料後難以收拾。房間內多設警語，家具、布巾盡可能採用防火材質。

（六）樓層設施 (Floor Facilities) 與客房分類

　　樓層設施是指各種客房的設施規劃，包括：有客房種類、坪數大小、樓層分配，與餐飲設施的搭配等各環節。一般而言，房間的種類越高級，則其「面積」的坪數越大，例如：「總統套房」的坪數便是旅館內最大坪數的客房。「套房」則會大於「雙人房」，通常「普通單人房」會是旅館坪數最小的「客房」種類。每一家旅館會依照不同的市場需求而定每個樓層客房數的分配，其主要原則為：

1. 若以商務為主客層的市場，「商務樓層」(executive floor) 的客房就比較多。

2. 如果是針對女性市場的話，那「仕女樓層」(lady's floor) 的設定就比較必要。

3. 若以「包辦遊程的旅行團」為市場的話，四人房、甚至多人房的「團體客房樓層」的設置就有其必要性。

4. 若以「海外旅行的散客」(foreign individual tourist, FIT) 為主客層，安排較隱密的客房樓層就有其必要性

二、客房種類的介紹

　　一般觀光旅館的客房類型是針對不同對象、容納人數與所在的位置及設備功能而設計，以提供不同服務需求，而房價也不相同。一般旅館的房型可分為客房 (Room) 及套房 (Suite) 兩種型態。客房為大部分旅客所使用，僅提供臥室及衛浴設備的需求，可分為單人房 (Single Room)、雙人房 (Twin Room)、三人房 (Triple Room)、連接房 (Connecting Room) 與和室房 (Japanese Room) 等。而套房的面積較大，至少提供一房一廳的空間，並規劃在特殊服務樓層或是特殊景觀位置，且旅館會依據其功能與定位的不同增減設備及備品。一般可分為標準套房 (Standard Suite)、豪華套房 (Deluxe Sui-te)、商務套房 (Executive Suite)、特殊套房 (Special Suite)、總統套房 (Presidential Suite) 等。

（一）單人房 (Single Room)

　　單人房內只擺設一張床；依床鋪尺吋的不同又可分為單人單床房 (Single Bed Room) 及雙人單床房 (Double Bed Room)。

1. 單人單床房多擺置 Queen-size（152×203 公分）的床，容納一個人睡，一般提供給商務客人使用較多。

2. 雙人單床房則擺設 King-size（193×203 公分）的床，可容納兩個人睡，以商務客人、夫妻旅行與歐美人士使用居多。

（二）雙人房 (Twin Room)

　　雙人房內安排兩張單人小床，房內空間相對較小，此類房型適合日本夫妻及團體客人使用。此房型共分為 3 種：

1. 雙床型 (Twin Style)：兩張小床分開擺放，中間放置一個床頭櫃，此種類型在旅館相當普遍。

2. 好萊塢式 (Hollywood Style)：將兩張小床合併擺放，床的兩側各放置一個床頭櫃，此類房型較具使用彈性，合併時可代替單床房使用，拆開來則可成為雙床房。

3. 雙大床型式 (Double Twin Style)：在客房內用兩張 Queen-size 雙人床分開擺放，中間放置一個床頭櫃，可用來容納 2~4 人住房，也可稱為四人房，常見於休閒渡假飯店，適用於家庭及團體客人，也適用於會議團體客人使用。

（三）三人房 (Triple Room)

　　一般三人房會配置一張雙人床和一張單人床，這類房型的空間較大，適合家庭旅遊住房使用，另外若是空間足夠，有的旅館會直接安置三張單人小床，讓每位房客皆有獨立的一張床可使用，這類房型非常適合搭配團體住房適用。

（四）連接房 (Connecting Room)

　　連接房是將兩間獨立的客房，各加一扇門，當兩扇門同時開啟時，可作為兩客房互通的內部通道（若是只有單邊開啟還是無法相通），非常適用於一群熟識的朋友出遊住房，或是家庭客人當成親子房使用，可以經由內門進出，以方便聯絡。若是沒有租售給互相認識的團體客人，則可以將兩扇門各自上鎖，恢復成兩個完全獨立、互不相干的客房。

（五）和室房 (Japanese Room)

　　屬於日式設計風格的類型，一般常設計為通鋪方式，以榻榻米或木質地板為主，此類型客房可容納較多房客，不會受限於床鋪大小，且房內的生活空間也較為寬敞，此種房型常出現在休閒渡假飯店。另外還有一種混合式的和室房，一半傳統客房型搭配一半和室通鋪設計，在和室地板上設置沙發床作為彈性使用，在有限的客房空間內營造出一個起居式的感覺，頗受家庭式客人的青睞。

四、套房總類的定義

(一) 標準套房 (Standard Suite)

　　標準套房的房間坪數都比客房來的大，設計大多會包含一個客廳、一間臥房 (King-Size Bed) 及一套衛浴設施，也就是比客房多了一個生活區，同時衛浴空間也加大，而相關的裝潢設施與備品也比一般客房高級，是最基本的套房等級。

(二) 豪華套房 (Deluxe Suite)

　　屬大坪數，為一臥房、多聽 (客廳起居室、更衣室、儲藏室、餐廳、廚房、健身室、書房或吧檯)、多套衛浴設備 (臥房設全套、客廳設全套或半套) 的套房，每間旅館會依裝潢主題的不同而有不同的搭配，比標準套房擁有更多更高規格的裝潢設備。

(三) 商務套房 (Executive Suite)

　　商務套房多在旅館內的商務樓層或是選擇較安靜的角落設置大面積的商務套房，該套房主要強調商務所需之行政機能，例如：電腦、傳真、列印、影印、網際網路等功能，並強化起居室、會議室、健身設備，以滿足商務客人的需求。

(四) 特殊套房 (Special Suite)

　　有些旅館會在一些樓層設置針對特別對象之特殊套房，例如：殘障套房，此類套房的空間設計較其他房間來得寬敞，以便讓客人的動線更順暢，同時強化衛浴設施之安全及扶手裝備。例如：針對行動不便者的輪椅進出之寬度、坡度及動線設計；視障者之點字觸摸設計；聽障者之視覺色調設計，以及緊急求救設施等。

(五) 總統套房 (Presidential Suite)

　　總統套房是旅館星級評鑑中重要的指標，其內部裝潢豪華並配有頂級的設備，且搭配具收藏價值藝術品的擺設。房間內設計為多間臥房（至少 2 間客房以上），且配有多套頂級衛浴設備（頂級按摩浴缸、三溫暖、烤箱、蒸氣室），並有客廳、起居室（頂級視訊音響設備）、更衣室、會議室、儲藏室、餐廳、廚房、健身房、書房或吧檯等空間。另外，總統套房旁的客房也都會提供給侍衛隨從及旅館所提

供之管家所使用。此類房價是館內最高，也是最頂級的房型，但使用率低，只有適合身分地位的客人下榻時才會開放使用。

 8-3 旅館等級與評鑑標準

一、我國旅館的等級評鑑

我國旅館等級早期是以「梅花」標誌分級，由2~5朵梅花分級，觀光旅館為2~3朵梅花，國際觀光旅館為4~5朵梅花作為代表。為便利國際旅客辨識，以採用國際上較普遍的「星級」做為辨識。

而評鑑期限為三年一度為原則，主管機關為交通部觀光局為旅館評鑑主要機構。評鑑方式則採二階段進行，第一階段為「建築設備」評鑑，第二階段為「服務品質」評鑑。一般旅館採自願申請參加方式，不強制評鑑。而觀光旅館需全部參與第一階段硬體「建築設備」評鑑，等級 1~3 星級，費用由政府負擔。

當「建築設備」評鑑列為三星者，可自費自由參加第二階段「服務品質」評鑑，軟硬體評鑑總分 600 分以上為四星級，總分 750 分以上者為五星級。

(一)「建築設備」評鑑項目：(7大類54小項)

1. 整體環境。
2. 公共設施。
3. 客房設施。
4. 衛浴間設備。
5. 清潔維護。
6. 安全設施。
7. 綠建築環保設施。

（二）「服務品質」評鑑項目：（12 大類 127 小項）

1. 總機服務。

2. 訂房服務。

3. 櫃台服務。

4. 網路服務。

5. 行李服務。

6. 客房整理品質。

7. 房務服務。

8. 客房內餐飲服務。

9. 餐飲服務。

10. 用餐品質。

11. 健身房設施服務（健身房、游泳池）。

12. 員工訓練成效。

二、旅館等級劃分的目的

旅館等級的劃分有一些重要的目的和必要性，目的分述如下：

（一）標準化

建立一套制式化系統，來評估有關於旅館服務及產品品質的標準，好讓旅館客人和業者都能有一個客觀的比較。

（二）市場

提供旅客有客觀的選擇，從市場的觀點而言，旅館等級劃分也是鼓勵提倡市場一個良性的競爭。

（三）保護消費者

要確保旅館能符合評鑑所要求的標準，不論是在客房、設施及服務等各方面，都為了能保護消費者的權益。

（四）收益的產生

評鑑旅館的指南可以讓廣大旅遊者購買來做參考。

（五）控制

提供一套評鑑系統可以控制整體旅館的品質。

全世界旅館評鑑制度沒有一定的標準，所重視的部分也不盡相同，以美國汽車協會 (American Automobile Association; AAA) 為例，在 1930 年即開始有旅遊手冊刊載各地旅館的資訊，但一直到 1960 年代才真正開始對旅館做等級劃分。剛開始也只做簡單的等級劃分：好、很好、非常好、傑出 4 個等級劃分。從 1977 年開始，每年就用鑽石劃分為 5 個等級，以 1~5 顆來表示。每一年美國汽車協會評鑑超過 32,500 家營運中的旅館及餐廳，地區包括：美國、加拿大、墨西哥、加勒比海，其中只有 25,000 家能夠入選在協會所出版的旅遊指南刊物上，這些旅遊指南每年有超過 2,500 萬本以上的需求。

所有被評鑑的旅館大約有7% 能獲得美國汽車協會4顆鑽石的殊榮，在做評鑑之前，協會先將所有旅館、汽車旅館、民宿等先分成九大類別，依各類別做評鑑，協會評鑑超過300個項目，內容包括：旅館外觀、公共區域、客房裝飾、設備、浴室、清潔、管理、服務等包羅萬象。

三、WTO 旅館等級劃分準則

全世界旅館等級評鑑有些國家用鑽石，有些國家用星或皇冠來表示，但一般都是 5 個等級，有些國家的旅館評鑑是由民間企業或協會來執行，例如：美國的美孚 (Mobile) 石油公司及美國汽車協會 (AAA)；法國的米其林 (Michelin) 輪胎公司等，所以參與被評鑑的旅館是有選擇性的。但也有一些國家是由政府官方來主導，例如：以色列、西班牙、愛爾蘭等國家都要求該國境內所有各類型旅館都必須接受評鑑，無論如何，旅館評鑑等級劃分制度如果做的完善而又具公信力的話，對觀光的發展將會有重大的影響。世界觀光組織 (World Tourism Organization; WTO）對旅館評鑑的工作也非常的重視，因此 WTO 曾提出一些評鑑的準則供參考（參見表 8-1）。

• 表 8-1　世界觀光組織旅館等級劃分準則

世界觀光組織旅館等級劃分準則			
1	旅館建築	11	臥室內衛生設施
1.1	獨立建築	11.1	浴室大小
1.2	入口	11.2	浴室用品
1.3	主要及服務樓梯	12	公共衛生設置
1.4	最少房間數	12.1	公共浴室設備
2	質感及審美的要求	12.1.1	公共浴室數量
3	水	12.1.2	公共浴室設施及設備
4	電	12.2	公共衛生廁所
4.1	緊急電力供應設施	12.2.1	公共衛生廁所數量
5	暖氣	12.2.2	公共衛生廁所設施及設備
5.1	通風設備	13	公共區域
6	衛生水準要求	13.1	走廊
6.1	一般性的	13.2	遊憩室
6.2	廢棄物處理	14	額外房間或空間可供住宿、遊憩及運動
6.3	蚊蟲的防護		
7	安全性	15	廚房
8	殘障專用設施	15.1	食物儲存
9	專門設施	15.2	飲水
9.1	電梯	16.	旅館建築外區域
9.1.1	服務電梯	16.1	停車設施
9.2	電話	16.2	綠地
9.2.1	房內電話	17	服務
9.2.2	各樓層電話	18	員工
9.2.3	大廳電話	18.1	資格證明書、執照
9.2.4	公用電話	18.1.1	員工語言說的能力
10	臥室	18.2	緊急醫療設備
10.1	面積大小	18.3	行為
10.2	傢俱設備	18.4	制服
10.3	隔音效果	18.5	員工設施
10.4	燈	18.6	員工人數
10.5	門		

四、旅館等級劃分的因素

（一）旅館等級劃分的重要因素

1. 建築設計、區域、房間大小、客房設備及裝潢。

2. 旅館所在設施設備的品質。

3. 旅館服務的品質。

4. 餐飲品質及服務。

5. 旅館員工的專業性、語言能力、訓練及服務的效率。

（二）評鑑旅館其他方面的服務及品質要求

1. 大廳接待及資訊服務。

2. 客房餐飲服務。

3. 旅館的清潔服務。

4. 員工的制服及外表。

5. 廚房用具的品質。

6. 餐廳的種類及餐飲服務。

7. 公共浴廁的品質。

8. 運動遊憩設施及品質。

9. 停車設施品質。

10. 會議廳的設備品質。

11. 客房內殘障設施品質。

　　有些國家（例如：瑞典及瑞士）支持用房間價格來做等級劃分，他們認為訂出的價格，通常就已經表示出旅館所提供服務的等級，而市場本身是最後的等級劃分標準。又有一些國家（例如：丹麥、德國等）反對政府參與等級劃分的工作，同樣的看法也是認為市場的競爭力量，是維持最後品質的方法，所以他們不準備去劃分旅館的等級，但是他們提供旅館一些基本的資訊，例如：地點、房間數、房價、信用卡接受與否，以及可用的運動遊憩設施等。

餐旅服務・Hospitality Service

學後評量

一、請說明特種旅館 (Special Hotel) 有哪些及用途？

二、客房的種類有哪些？

三、套房的種類有哪些？

四、我國旅館評鑑中「建築設備」評鑑項目有哪幾類？

五、旅館等級劃分的目的為何？

Chapter 09

旅館組織與管理

旅館組織的劃分會依照每間旅館的定位與需求而有所不同，而大部分的旅館都依據功能屬性來劃分，每個部門都有其專業的功能。較小型的旅館中，人員組織可能只有一個總經理就可以主控整個組織架構。較大型的旅館則會依據每個部門的專業考量做責任的劃分，每個員工負責的工作及種類多寡，也依據旅館的規模程度而有所不同。

旅館基本上分為六大主要部門，分別是客房部、餐飲部、人力資源部、業務及行銷部、財務部及工程部。也有一些旅館把部門劃分成為收入中心及成本中心。所謂收入中心，就是由服務或銷售產品給客人所產生的旅館收入，旅館的收入中心包括：客房部門、餐飲部門、電話部門、特約商店、健身中心等。而成本中心就是支援收入中心，包括：行銷部、工程部、人力資源部、財務會計部及安全部門，支援收入中心一切所需並維持旅館功能的運作順暢。旅館在顧客至上的服務基礎上，企業需賦予第一線員工更多權力來解決消費糾紛，因此，旅館的組織需不斷的視情況做變動與調整以配合實際的需要。

9-1 旅館組織劃分

旅館部門劃分的方式依據不同的規模、類別及需求，各有不同的劃分方式。但是大部分的旅館，部門劃分的方式都採用企業功能別來劃分，主要的目的乃是因為旅館以其基本業務為重點，如果按企業功能別來劃分，可利於專業化，也最能充分發揮工作效率。因此旅館從總經理以下，依據各部門不同的功能劃分為：客房部、餐飲部、人力資源部、行銷業務部、財務會計部及工程部六大部門。

一、客房部門 (Room Department)

大部分的旅館，客房部門是最主要部門，且旅館的大部分使用面積都用於客房或支援客房經營的區域，建築物的主要投資是在客房部門，因此土地成本與客房部門有密切關係。

客房部不只占據旅館主要空間也是主要的收入來源。最重要的是，客房部門也產生了最高的利潤。許多旅館損益表中，客房部利潤（客房收入減去客房營運費用）可以達到客房部收入的 70%，也是因為房間的營運成本（包括房間變動成本及人力成本）都較其他部門為低的原因。但在臺灣大部分的國際觀光旅館卻剛好相反；根據觀光局 2019 年的統計資料，臺灣旅館業餐飲收入的比例占 47.58%、客房部門收入的比例為 42.65%。但餐飲的變動成本較高，利潤相對較少，所以旅館若要獲得高利潤，應該還是將客房收入作為主要的訴求重點，才能創造更多的利潤。

二、餐飲部門 (Food & Beverage Department)

（一）餐廳及宴會廳

餐飲部在旅館收入中占有非常重要的地位，不論餐飲經營規模，大部分的旅館已經發現他們的餐飲設施在旅館的名氣和聲譽上占很大的重要性。毫無疑問地，在許多情況下，旅館餐飲品質會強烈影響顧客對旅館產業的特殊看法，且影響客人再回來消費的意願。事實上，有些旅館的餐廳比客房還要出名，常成為客人駐足匯集之地。成功的旅館經營者，一定要考量餐廳設施對當地客人的吸引力。一間旅館餐飲銷售目標必須要能吸引當地社區成員，才能有較大的獲利空間。

許多較小型的旅館也都會提供簡單的餐飲或酒吧設施，大型旅館則會有較多完整的餐廳設施，在不同類型旅館中，何種餐飲服務應被優先考慮？以下提供餐飲服務評判標準，作為旅館經理人決定之參考：

1. 旅館服務的對象

旅館主要提供的服務對象是短暫商務旅客、會議客人或是度假休閒旅客？商務旅客偏愛獨自用餐，會議旅館則需要可容納大型的宴會廳。度假休閒旅客較喜愛當地較具有特色的美食餐廳。

2. 旅館設定的程度

五星級旅館需要五星級豪華餐廳，中等價位旅館無法提供這類餐廳的品質水準，他們的客人也沒有這種期待和消費慾望。

3. 市場的飽和程度

旅館所在的周邊是否已有類似的餐廳？若旅館附近都是義大利餐廳，旅館經理人需要更敏銳的去嘗試不一樣的市場，做市場區隔。

4. 餐飲貨源的取得程度

餐廳需因應不同的時節調整菜單以滿足消費者的需求，因此餐飲食材取得的便利性需要慎重考量，另外餐廳若使用國外進口的食材，亦要考量它的成本及市場接受度。

5. 基礎勞力取得成本

餐飲業屬於勞力密集的產業，若勞力成本過高則會降低利潤，因此餐廳勞力的使用狀況是另一個重要考量，若開設需要大量勞力投入的餐廳，在緊縮的勞力市場可能不太實際。

有些旅館餐飲部門包含：宴席部分，宴席部門的重要性有兩個，除了塑造旅館形象，同時也是餐飲部門最大的利潤來源。宴席收入在某些旅館中可以占旅館餐飲總收入的 50% 以上。承辦宴席在旅館餐飲的市場中，一直被視為是一個高度競爭的事業， 宴席部門需要擅長銷售、菜單設計、餐飲服務、成本控制、舞臺設計及藝術的天分和戲劇感，同時也要能靈巧的運用旅館設施及所有器材的技術和知識。

（二）客房餐飲部門 (Room Service)

大多數旅館餐飲部門，都有提供餐飲送到賓客房間的服務，就是所謂的客房服務，這是旅館餐飲服務最難經營的部分之一，也是利潤最低甚至於賠錢的單位。

客房餐飲經營困難的主要原因有二：1. 食物及餐飲可能要被送到距離廚房極遠的地方，常常是熱食送到時是冷或溫的造成口感品質變差。2. 服務人員平均生產量低；他們只能服務極少量的客人，所產生的收入經常不敷成本。為了處理客房餐飲服務成本問題，許多旅館對客房餐飲服務的食物定價較高，還有額外附加服務費可稍減輕成本問題，但對於客房餐飲只要控制客房餐飲菜單的項目以及可提供服務的時間，便可降低食物品質低落與服務人員平均生產量低的問題。

為了保有食物品質，食物必須儘快在適當的溫度下送達，除了要使用適合的器材和客房餐飲服務高效率的服務外，也要提醒賓客事先點好餐點並告知想要送達的時間，如此可事先計畫安排何時送到房間，讓旅館客房餐飲服務做得更好。

三、人力資源部門 (Human Resource Department)

旅館業屬於勞力密集的產業，員工提供專業優質的服務替企業賺取利潤，因此員工的素質及訓練也反映出旅館服務品質與專業。但人的問題始終是旅館管理中最難解決的問題，旅館業員工的流動率高，人力資源部門除了替各部門找到適合的人選外，適時的排定各類訓練課程，不斷的充實員工的專業知識與服務品質，以避免旅館員工的素質下滑。

人力資源部門除了徵募、新進人員訓練、在職訓練等例行性的工作外，還要制定評鑑、激勵、獎勵、懲罰等機制，瞭解人力投入與生產量的平衡關係，另外，對於員工的生涯發展，以及對所有旅館員工的溝通等工作，都是人力資源部的工作職責範圍。

四、行銷業務部門 (Sales & Marketing Department)

行銷業務部除了將現有的顧客維持好良性的關係外，更要開發旅館的潛在顧客，並瞭解他們的需求將產品及服務包裝後銷售出去，讓潛在顧客成為現有顧客。除了行銷業務部外旅館各部門的員工都扮演著行銷旅館的工作，例如：前檯接待人員可針對客戶的需求促銷給客人較貴的房間，並且讓客人有超值的享受。行李員可推薦旅館的餐廳給客人前往用餐，如果各部門都能夠適度的扮演好自己行銷旅館的角色，便可減輕行銷業務部門的負擔。

行銷業務部除了被賦予保持旅館房間的高度需求的責任外，還要利用平面、廣播及電視廣告，以及相關的公開活動，過去拜訪旅行社、團體與個人，瞭解它們的需求與市場走向，安排試住專案或設計相關的旅遊行程來促進銷售藉以提高旅館的知名度。一般旅館的行銷業務費約占總營收的 5%，但若是全新的旅館行銷的花費則會高出 1 倍以上，相關的行銷花費包含邀宴社團領導者的聚會，旅行社的試住行程等，都需要投資一段時間才能看到成果。

有些旅館會將行銷部分委託給廣告公關公司處理，而廣告公關公司主要是藉由廣告及媒體報導，創造旅館正面形象吸引顧客。廣告公關公司最常被使用的公關技巧是發布有關旅館、員工及顧客的一些最新活動消息，或是旅館經理人員和員工參與社區服務的新聞，以提升旅館的能見度與曝光率。

五、財務會計部門 (Accounting Department)

旅館的會計部門，主要是負責追蹤每天發生在旅館中許多商業交易的記錄，但會計部不只是簡單地做帳記錄，其工作項目還包括：預測及編列預算、已收帳款及應收帳款的管理、控制現金流量、控制旅館所有部門的成本－收入核心、成本核心及員工薪資、採購、驗收、物料配送、存貨控制（包括：餐飲、房間供應品、家具等），並保存紀錄、準備財務報表和每日營運報表，依據這些報表向管理階層做報告等職責。

會計部門對所有旅館的收入及成本都要控制及管理，若是連鎖旅館財務長通常直接向總公司財務長做報告，而財務長除了負責該旅館內部所有財務上的控制，同時也隨時要跟總經理做報告。

六、工程部門 (Engineering Department)

工程部門除了照顧旅館的設備與設施及控制能源成本外，還包括：旅館建築物、家具、室內裝備和器材的設施保養。主要是為了減緩旅館設施、設備的折舊，保持所建立的旅館最原始的形象，讓各部門除了可以運作順暢外對於賓客與員工的舒適度與安全性做最大的保障。

工程部除了負責整個旅館的電力、蒸氣及水等系統分配與控制外還要負責冷暖氣及空調系統。為了要完成這些工作，工程不需要雇用不同的技術人員，包含：電工、水管工、木工、油漆匠、冷凍及空調工程師及其他人。在小型旅館中會將大部分的工作發包給外面的承包商來執行，在大型旅館中，則由總工程師擔任工程部門主管負責處理安排維修服務的所有工作，以及人員排班及調度安排。

　　工程部人員主要負責預防性維修與立即維修兩個部分，所謂的預防性維修是一種對建築物及器材持續服務的計畫程序，主要為維持及延長設施的壽命。預防性維修可以分為每天、每週及每月的預定計畫表實施，每個保養維修項目都必須註明勞力及材料的成本，方便日後追蹤查證。除了預防性的維修，工程人員也要執行日常的保養，而保養日誌應該被用來保持追蹤每項維修工作時間的開始與結束，以確保工程的進度與品質。

🔔 9-2　旅館管理團隊與執行

　　旅館工作是要靠團隊的合作狀況來決定效率與成功，但除了團隊領導者個人本身的能力外，一群好的團隊成員才是最重要的資產。團隊成員要能有效率的發揮工作成果，需有 3 種不同類型的技巧：專業工作、解決問題及決策的技巧，如果團隊成員中都沒有上述三種技巧，則團隊的效率就不會出色，因此，團隊成員的組合是成功與否的關鍵。

　　一個好的旅館管理者，必須要有能力負擔起整個團隊的責任，而選擇最適合的團隊成員，並訓練團隊成員各項必要的技巧，是一個好的旅館管理者的必要技能。而訓練一個好的旅館團隊成員與該扮演的關鍵角色分別是：

1. 創意者：需擁有創造性的思想及觀念。
2. 連結者：整合及協調團隊成員。
3. 指導者：鼓勵團隊成員找尋更多的資訊。
4. 維持者：解決外在所有難題。
5. 控制者：檢視細節並堅持規則。
6. 引導者：指引成員方向並鼓勵其充分發揮。
7. 組織者：提供團隊組織結構。
8. 評估者：提供內部各種選擇方案的分析。
9. 響應者：支持並響應最好的創意行動。

　　一個旅館能否讓各部門彼此相互合作來執行公司政策主要的靈魂人物是飯店總經理，總經理是一個旅館營運人員的首腦，除了監督管理旅館全體員工外，並且要執行旅館業主或連鎖旅館的經營政策、負責財務上的盈虧外，並監督管理政策所訂的服務標準。

　　大部分的總經理會經常與各部門主管開會，在會議中達成一致性的合作與協調，例如：要讓一個會議團體在旅館停留期間，對旅館服務的高度滿意，總經理要從禮車接送服務、登記住房程序、宴席、會議廳、視聽設備到娛樂休閒節目的安排等各項工作的配合進行溝通與協調。一個好的總經理是人際關係處理專家，他要能夠和全體員工、客戶及社會團體建立起良好的關係，並且要能透過團隊其他人的努力把政策確實執行。一個有效率且專業的總經理在處理問題及做決策時，會仔細研究問題的核心，並研擬出解決或替代方案。而旅館營運政策通常業主會授權給總經理，由總經理來制定旅館的政策，而總經理所提出的營運政策必須顧及當地的法規、風俗習慣、工會及員工的素質，甚至環境因素等變數作調整。待營運政策制定完畢後再與業主或是董事會討論後定案後作為營運方向。一般旅館較重要的政策包括：勞工薪資福利政策、旅館房價的政策，以及採購的政策。

　　在勞工薪資福利政策方面，包含：員工薪資、福利、醫療保險、退休等項目，因法令與規定的不同，企業必須做好預算與規劃，否則有可能會無法支付沉重的人事成本。另外在旅館房價的部分，通常在旅館開幕之前即已有腹案，但是不適當的房價，可能會影響到在市場上的競爭空間，所以必須要考慮到實際條件的問題，例如客源的改變、市場的競爭、設施的改變等。有些旅館因為房價政策的改變，以致於影響到整個旅館的形象。至於採購的政策，主要的著眼點是基於成本的考量，如果能夠集中或共同採購，在以量制價的原則下，自然可以節省一些成本。但前提是須維持一致的品質水準。而部分食物類的採購，會因為區域的限制無法做到集中採購或共同採購。

　　旅館的營運政策有如一個領航的指標，在制定政策之前要妥善的規劃、研討，在政策決定後各部門要確實合作執行，讓旅館組織能充分發揮相互合作的功能。如無必要，政策不要輕易修改，若營運政策需要做大幅度的修改時，一定要先做好各項防範措施，以免讓旅館陷入營運的困境。

 **國際連鎖旅館管理**

　　旅館管理顧問公司 (Hotel Management Company) 是由母公司和子公司的管理合約，子公司擁有該家旅館的土地、建築物、家具設備等一切設施，委託母公司來替他做經營管理，母公司就是旅館管理公司，他提供管理及服務給子公司，而子公司付出管理費，雙方簽訂一個管理合約 (Management Contract)，依照這個合約執行雙方的權利和義務。母公司僅負責旅館整體的營運及管理，旅館員工是屬於子公司的員工，任何旅館的營運損失或訴訟，都得由子公司來負責吸收。母公司的角色更清楚的說，就是代表業主（子公司）執行旅館營運管理的工作。為什麼許多的旅館都願意委託旅館管理公司來經營，主要就是因為旅館管理公司，提供了管理上的專業知識及智慧、標準的訓練計畫，以及公司享有聲譽的品牌名稱。因此，選擇一家最適當的管理公司重要考慮因素包括：

一、管理費用的金額

　　管理費用的金額是重要的考慮，因為所有旅館業主都希望每一分錢的付出，都有應得的價值，所以管理費用支付的方式也有下列 3 種：

1. 費用依據旅館總收入的比例（大約 4~6%）。
2. 費用依據毛營利 (Gross Operating Profit) 的比例，大約 15~25%。
3. 費用依據旅館總收入加上毛營利的比例。

　　除了上述固定的費用外，業主有時為了激勵旅館管理公司，希望能將旅館管理的更為有效率，也許會提出所謂的獎勵金 (Incentive Fee) 給旅館管理公司。

二、市場拓展的能力

　　一個有效率的旅館管理公司一定也會有一些成功的數字紀錄，以顯示他們在旅館市場上拓展及服務管理的績效。而每家管理公司，也都會有最擅長經營的市場作為區隔。有些旅館管理公司是以休閒旅館方面為主，有些則是賭場旅館的權

威，而有些旅館管理公司在會議旅館方面有較豐富的管理經驗，按照各公司擅長的部分來做選擇，是較完善的做法。

三、幫助融資的能力

旅館業主投資一家旅館，通常都需要大量金額的融資，當旅館業主找銀行或金融機構討論融資方面的問題時，如果被委託經營的管理公司是一個被市場高度認同，而且有成功經營紀錄的旅館管理公司，融資的機會及條件都會有極大的影響。

四、經營的效率

經營的效率並非只看旅館是否有盈利，還要考量是否可以提供舒適的環境空間與高品質的服務。但是經營管理者需有效規劃並做好成本控制，若不能創造合理的利潤，就是最大的損失。所以旅館管理公司，必須提供該公司目前經營的旅館所有營運的財務資料，以佐證他們在經營管理每一家旅館的優異表現。

五、合約條件及條款的彈性

旅館管理公司所簽的管理合約期限，一般公司都是 20 年或是更久，有些公司甚至於長到 50 年的期限。若旅館管理公司經營管理不如預期，業主想要終止合約時需考慮相關的限制條款與彈性空間。目前世界上管理最多旅館的旅館管理公司在表 9-1，可以看到目前的排名，雖然數量多並不代表就是最好，但是旅管管理的專業，能讓這麼多家的旅館所認同，站在市場的角度，也不得不令人佩服。

• 表 9-1　管理最多旅館的旅館管理顧問公司
　　　　　(Companies That Manage The Most Hotels)

管理公司名稱 (Company)	總旅館數 (Total Hotels)	管理的旅館數 (Hotels Managed)
Accor	4,654	951
Marriott International	3,398	1,798
Six Continents Hotels (Holiday Inn Worldwide)	3,274	1,314
Hilton Hotels Corp.	2,286	810
Société du Louvre	963	427
Starwood Hotels & Resorts Worldwide	843	422
Extended Stay America	731	731
Tharaldson Enterprises	541	441
Westmont Hospitality Group	487	487
Prime Hospitality Group	434	289

資料來源：Hotels(July, 2019)

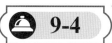 **9-4　國際連鎖旅館合作方式**

一、特許加盟 (Franchising)

　　特許加盟的定義，是將自己的旅館，加入旅館連鎖集團成為會員，利用連鎖旅館集團的名字，以及他們所提供的服務。但是另一方面，也要付出連鎖加盟的費用 (Franchise Fee)。另外在旅館的連鎖加盟中，有些旅館雖然也是加入成為集團會員，使用該集團所提供的訂房系統及服務，但並不使用連鎖加盟集團的名字，稱之為入會 (Affiliation)。

連鎖的產生起源於某家公司，因為其所提供的產品或服務，得到市場上及消費者良好的回應，為擴展其營業據點或市場占有率，藉由建立一套標準營運系統方式；將該系統使用的權利授予加盟業者，並收取加盟金及其他相關費用。因此我們可以說連鎖加盟，是業主將他所能提供的系統、服務、知識、商譽及權利視為商品而販賣給加盟商的一種銷售行為。如同其他的交易過程，特許加盟業主及加盟會員皆可透過連鎖系統的建立，而達到雙方的預期目標；連鎖旅館業可擴大其品牌的市場占有率，加盟會員也可以藉助別人的專業及經驗，來達到賺錢的目的，以減少經營風險。

特許加盟的結合，一定是要兩方面都有意願，才能順利的形成。一方是特許加盟業主 (Franchisor)，另一方是加盟會員 (Franchisee)。以下我們從他們各自的角度來分析他們彼此的權利及義務。特許加盟業主所提供給加盟會員的服務可以把它分為方法、技術上的協助及行銷市場三大部分：

(一) 方法

1. 標準營運程序 (Standard Operation Procedures；SOP)

對於新加入連鎖系統的投資者而言，該如何準備旅館的設計、裝潢、物料的採買、招募員工等問題，為使雙方面都能節省時間、人力及物力，旅館管理公司都會提供給加盟會員一套營運程序，利用營運手冊的方式詳細說明每一步驟所應遵循的程序，讓各加盟會員在對外的經營服務上都能維持一定的水準。另外如果營運手冊有所改變，旅館管理公司也會隨時更新手冊資料，使加盟會員在經營上也能配合步調做修改。

2. 提供人員訓練

旅館剛開始經營時最困難的部分便是找到合適勝任的員工，所以找到適宜的人力，不僅可以使公司的經營容易步上軌道，還可減少招募及訓練人力的時間與成本。業主除了提供人員訓練的方法外，也會在正式營運前，先安排加盟會員的高階管理者，接受人事訓練課程，讓他們先瞭解整個企業文化背景及熟悉公司的營運程序。

3. 提供區域性的管理者，定期到各加盟單位檢查

為確保各加盟會員，對外所提供的產品與服務品質能達到一定的標準，而不會因某家店的管理不當，而破壞連鎖企業的形象或商譽，旅館管理公司會定期指派各區域的管理者或督導員，前往各加盟會員進行品質的檢查，另方面也是藉此而讓加盟會員有機會，可向旅館管理公司反映其營業上所遭遇的困難。雖說區域管理者的主要任務是監控品質，但有時區域管理人員對於加盟者所提供的營運協助，例如：物料的採買與儲存、人力的調度、菜單的變化或區域市調分析等。

（二）技術上的協助

旅館管理公司亦提供相關技術方面的協助，例如：區位選擇、可行性計畫分析或採購設備及物料等，各企業有其不同的考量點，因而在相關費用的收取上就會有所差異，旅館投資者想加入連鎖體系的經營時，勢必得多方面的進行考量評估後才能作最後的定案，以下針對技術協助的部分作分析說明。

1. 開發建造階段

旅館管理公司協助加盟會員，進行有關區位地點的選擇評估及可行性分析，甚至幫助加盟會員找銀行商議融資貸款，並和銀行協商有關抵押貸款的條件。

2. 建築方面

一旦營業地點決定好之後，便可開始實行建造施工程序，為統一各連鎖體系的企業標誌及形象，旅館管理公司會在商標名稱及硬體設施的建築上有一定的要求，讓消費者一眼就可辨認旅館的所在位置及其建築特色，旅館以假期旅館 (Holiday Inn) 最具代表性。

因為連鎖旅館系統有專屬的建築師、室內設計師及工程監工人員，對於建築費用及品質上較易控制，也可以降低時間及成本的花費。至於集團下未有專業建築人士的話，業主則會安排加盟會員與工程的承包商接洽。

3. 採購

加入連鎖企業的另一項優點，便是可以藉由業主大量採購所享有的折扣，而減少物料採買或設備採購的成本。無論是營業前所需購置的營運設備、餐桌椅及

家具，乃至於營業期間所需的紙張、客人消耗品等，另外所有營運設備還必須要持續的供應。不僅項目繁瑣，且部分物品的規格、樣式及品質均要符合業主的要求，例如：布巾、床單、紙類用品等，因而業主提供採購的服務，也可以減少加盟會員自行採購所耗費的時間及成本。

（三）行銷市場

特許加盟合約中，最重要或最有價值的部分就是市場。投資者會選擇連鎖加盟的方式來創業，最大的誘因，當然是看上此連鎖系統所帶來的潛在商機，透過企業名稱的使用，加上訂房系統與銷售網的配合，以及整合廣告的規劃，使投資者可以降低經營的風險，並賺取較高的利潤。

1. 公司名字

毫無疑問的，公司名稱是連鎖旅館行銷的關鍵所在，有心想參與此連鎖體系的人，莫不是想藉由連鎖旅館過去優異表現，所創造的商譽來獲益，加上看好未來市場的潛力，才會選擇加入連鎖經營的行列。

其次，旅館名稱使用的範圍很廣，除了廣告標示外，它還可以出現在菜單、餐具、杯皿、桌巾及旅館內其他地方，可說是一種加深消費者對旅館形象的一種行銷方式，離開旅館後，公司名字也可藉由口語傳播的方式，達成品牌行銷的目的，讓更多的潛在消費者認識該旅館。

2. 訂房系統

訂房系統是市場服務最有價值的部分，一個良好的訂房系統，可以不斷提供加盟旅館相當穩定數量的訂房，這些訂房透過訂房網路，可能來自於總部中央訂房系統 (CRS)，或是其他加盟會員旅館，越多會員的連鎖旅館，就有越多的訂房機會，因為這些客人可能目前正住宿在其他會員的旅館中。

3. 整合廣告規劃

既然我們前面提到企業名稱的重要性及其所帶來的商機，因而業主在擬定行銷計畫時，一定是以連鎖企業整體的方式，從事廣告規劃活動。在整合廣告規劃的花費上，是由各連鎖會員來共同分擔，至於分擔方式及比例則依各連鎖體系的規定而有所不同。

4. 銷售網

　　有關於銷售網行銷部分，其主要目的，就是要藉由與大企業簽約合作的方式，讓企業集團下的員工，不論到何地進行商務或會議活動，都可就近選擇與之簽約的連鎖旅館消費。因為連鎖旅館若能和全世界 500 大或 1000 大公司合作，再加上訂房系統的配合，便可擴大其市場占有率。

二、加盟會員的義務

　　前述所提的都是旅館管理公司提供給連鎖業者的服務或技術支援，連鎖會員在接受服務及技術的移轉後，對於總公司當然有其應當履行的義務。各項義務的執行，並不是單單的只是為向旅館管理公司交代了事而已，其最終目的也是希望提供一致的服務品質給消費者，以維持該連鎖旅館既有的商譽，而不要因為連鎖旅館的擴增，而因少部分加盟會員的疏於控管，而破壞旅館的形象，進而減少營收。

三、加盟費用

　　當旅館決定加入連鎖體系時，連鎖加盟業主因為提供了方法、技術協助及市場的各項服務，所以會收取所謂的加盟金 (Initial fee)，以及每月權利金 (Royalty)，此加盟金一般是不會退還給加盟會員。其支付特許加盟費用的方式一般有下列 6 種：

1. 每月支付固定費用。
2. 每月固定費用加上使用訂房系統所應付的佣金（依房間數來計算）。
3. 依據房間收入的比例，或每月權利金再加上訂房服務費。
4. 依據旅館總收入的比例，或每月權利金再加上訂房服務費。
5. 依據總房間數，支付固定費用。
6. 依據租出去的房間數，支付固定費用。

　　上述的各種計算費用方式，若從加盟會員的角度來看，以第二種付費方式似乎較為合理，也較被加盟會員所接受。

四、保護加盟業者

　　有關保護加盟會員的部分，傑出的連鎖旅館其所帶來的收益及其商譽，總是讓許多有能力的投資者，也想申請加入其行列。連鎖加盟業主雖然可藉由多增設旅館的方式，收取更多的加盟金及每月權利金，然而企業的經營並非是短視近利的，未加詳細評估審核申請者的條件，一味的讓連鎖旅館快速增長，日後將會造成自己連鎖旅館之間的競爭，反倒是降低了整體的銷售額。為了保護加盟業者，連鎖旅館的增加，最好是依據人口數量成長的比例來做評估的依據，而非依照距離的遠近或半徑大小來增設。

學後評量

一、旅館組織可劃分為哪些部門？

二、如何打造有效率的旅館管理團隊？

三、選擇一家最適當的管理公司有哪些考慮因素？

四、何謂國際連鎖旅館合作中所謂的特許加盟？

五、支付特許加盟費用的方式有哪幾種？

MEMO

Chapter 10

旅館客務服務作業

　　旅館都是以住宿為最主要的功能，大部分的旅館客房部的獲利率平均可以高達 40~75%，所以不論是任何類型的旅館，客房部可說是旅館組織中最重要的一個部門。客房收入就是房間公告價格在扣除折扣或折讓價後的實際收入，而客房營業成本包括與客房部直接相關之員工薪資與福利、臨時工用人費、清洗費用（浴巾、床單等）、客房消耗用品、水電、折舊、保險、宣傳推廣、修繕維護及其他雜項費用等。根據 109 年國際觀光旅館客房部、餐飲部及夜總會獲利率分析表來看，客房部門獲利率在臺北地區平均高達了 57.16%，可見客房部門在旅館中所扮演的重要角色，因此如何提高旅館住房率及房價就是客房部最重要的課題。

　　客房部門一般又分為客務及房務二大部分。客務部分包括：前檯 (Front Office)、訂房中心 (Reservation)、行李服務 (Bell Service)，及門房 (Concierge)。房務部則包括了房間清潔 (Housekeeping)、洗衣房 (Laundry)、及安全室 (Security) 等。以下我們就從客務作業服務的部分來做討論。

🛎 10-1　前檯服務作業

　　前檯是旅館的核心，前檯人員從接待客人、登記住房、給客人鑰匙、幫客人拿行李、回答客人問題，到最後辦理退房所有的工作一手包辦。前檯是跟客人接觸最多的部門，根據研究證實，旅館住房客人在離開旅館後，是否能夠有好的口碑宣傳，其中有三個單位的人員，他們良好的表現最容易影響客人的口碑宣傳，這三個單位分別是前檯人員、房間清潔人員及行李服務員。前檯人員扮演了重要的角色，如果前檯人員表現有禮而且效率高，對提升整個旅館的形象都會有所幫助。

　　前檯的功能大致可分為以下 5 項：

1. 接待 (Reception)。

2. 行李服務 (Bell Service)。

3. 鑰匙、信件及訊息傳遞 (Key, mail & Information)。

4. 門房服務 (Concierge)。

5. 出納及夜間稽核 (Cashiers & Night Auditors)。

上述 5 項功能前四項是屬於客房部門，第五項則是屬於財務部門。旅館管理的成功主要依靠的是合作和溝通，這個道理印證在前檯實在是最適當不過，前檯如果犯錯，勢必會影響到與客人的良好關係。當顧客辦理好住房後，前檯會把鑰匙交給行李員並引導客人到房間去。到了房間時，卻看到房間清潔員還在清潔房間，客人只好站在門外等待，這些錯誤就是合作和溝通產生了問題，因此我們希望能將前檯自動化，可以藉著裝設一套旅館財產管理系統 (Property Management System; PMS) 來改善前檯營運的效率及更精確的服務。

旅館財產管理系統 (PMS)

旅館財產管理系統 (PMS) 是包括一系列的電腦軟體裝置，主要的目的是為了支援旅館前場及後場部門內所有的工作及活動。前場最常用的財產管理系統是設計來幫助前檯員工發揮完善的工作效率，主要可以分為 4 部分的管理：1. 訂房管理；2. 房間管理；3. 客人帳戶管理；4. 一般管理。

大致所包括的系統軟體如下：

1. 中央訂房系統
2. 電話系統
3. 電話帳單系統
4. 信用卡帳戶系統
5. 客房電子鑰匙系統
6. 能源管理系統

7. 客房吧檯
8. 客房付費電影
9. 電視退房
10. 電視購物
11. 傳真、網路服務
12 留言服務

一套良好的財產管理系統，可以增進整個旅館前檯作業的效率，不僅只有在前檯而已，當前檯的電腦連接上其他的系統，例如：餐廳吧檯的銷售點 (Point-of-Sales; POS) 系統，客人在餐廳吧檯的消費帳單，記帳在客人房號帳戶之後，就會自動轉帳到前檯的在客帳戶內。另外，前檯不僅跟旅館內各部門連接，也會和許多連鎖旅館及連鎖集團的中央訂房系統 (Central Reservation System; CRS) 一起連線，透過這個訂房系統，即可立刻查知哪一家旅館有多少房間可以接受訂房。

一、接待

當客人要辦理住房登記時，前檯接待員可以從前檯的電腦上得到相關的資訊，如果客人已有訂房，只要依照訂房時的房價及要求，請客人填寫個人資料及簽字即可。若是客人尚未訂房，可以從電腦中得知以下事項：

1. 尚有哪一類型及多少房間可以銷售（包括：樓層、房間的類型、床的大小等）。
2. 可以出售的各房間的房價。

大廳副理並不是屬於前檯的職員，但是大廳副理包括在接待區內，大廳副理座位位置設於大廳，也會很接近前檯，他的主要職責是照顧好所有的客人，客人對住房有任何問題及抱怨時，都會找大廳副理來幫忙解決，他對於跟客人建立良好關係視為工作第一要務。另外不是所有的住客，都會事先訂房，每天或多或少都會有所謂直接走進來 (Walk-In) 的客人要求住房，這時前檯接待就要扮演銷售或控制的角色。

二、行李客務團隊

（一）門僮 (Door Man)

當客人抵達旅館時，旅館第一個出來歡迎的員工就是門僮，他主要的工作就是幫客人開門，讓客人有回到家的感覺，所以門僮是旅館給客人的第一印象，其他像幫客人安排計程車、進出車門、指引方位等工作，工作雖簡單，但是旅館留給客人服務的印象卻非常重要。

（二）行李員 (Bell Man)

行李員的工作，就是替客人拿行李至客人房間，可以稱得上是旅館的親善大使，一個訓練有素有經驗的行李員，甚至可以感覺出客人的心情。除了介紹旅館的設施外，對於房間內空調及電視的調整，如有必要，也都應該示範讓客人知道該如何操作，以給客人一個好的印象。

另外，行李房務團體還包括：電梯操作員 (Elevator operators)、大廳清潔員 (Lobby porters) 及行李房職員 (Package-room clerks) 等。電梯操作員目前在旅館早已不存在，所有旅館也都是房客自己操控電梯；大廳清潔員負責大廳清潔及整理；行李房職員，處理客人所有的行李，將每個人的行李註明名字與房號，交由行李員送至客人房間。

(三) 鑰匙、信件及訊息傳遞 (Key、Mail & Information)

一直到 1970 年代之前，大部分的旅館仍使用傳統的鑰匙，當客人要離開旅館時，將鑰匙留在前檯，回來時如有信件就順道一起取回。今天，大部分的旅館都已使用電子鑰匙系統，電子鑰匙系統的功能如下：

1. 提供每一房間內狀況的資訊。

2. 自動叫早及留言資訊的服務。

3. 進入房間身分確認系統。有些電子系統甚至於包括防火、防煙霧系統，較之前的功能增加許多。

(四) 門房服務 (Concierge)

門房所提供的服務包羅萬象，主要是提供一些客人有興趣的事務及活動，例如像市區旅遊 (City Tour)；或是客人要採購、訂機票、租車等各種雜務的協助服務。門房通常是在規模較大的旅館才有編制，小型旅館為省人力，就由前檯全權代替處理了。

(五) 出納及夜間稽核 (Cashiers and Night Auditors)

我們在前面提過出納及夜間稽核，都是屬於財務部門的員工，他們主要的工作就是收帳、作帳及交接帳務，他們是派駐在前檯的所謂「專業會計」人員。雖然在帳務處理方面較前檯人員熟練，但是從今日旅館人力成本的負擔壓力，以及員工技術多樣化需求的角度，加上前檯作業電腦自動化的效率來看，實在是人力

的浪費，而且也不能符合未來旅館市場日益激烈的競爭。尤其是現今信用卡的普及，如果每個營業單位（包括各餐廳），都還要派駐所謂的財務部出納人員來專門處理帳務，對旅館的效率確實是沉重的負擔。

服務台
（含鑰匙、信件、訊息傳遞、
門房服務、付費等功能）

門僮

行李員

ENTRANCE

RECEPTION

• 圖 10-1　前檯服務示意圖

10-2　訂房系統服務作業

一、訂房系統

　　旅館的訂房系統不論是獨立旅館或連鎖旅館，今天都早已資訊電腦化，特別是連鎖系統的旅館，透過所謂的中央訂房系統 (Central Reservation System; CRS)，將客人源源不斷的送至全球各地旅館。旅館訂房系統的主要功能，就是透過該系統，能夠提供旅館最多數量的客人，而可以儘量減低該系統成本的花費。要能夠順利發揮這個功能，訂房部門必須能夠預測未來房間的可用數量，除了現在已有的訂房數，訂房部門必須和業務部門商議可以接團的人數等，主要是旅館從年初到年終，有淡旺季的差異，在旺季時優先以商務客人或直客為主，如有必要才接團體客人。相反的，在淡季時就可以考慮較高比例的接待團體客人。在接受訂房

時，訂房人員也會因訂房日期的不同，因應旅館內的狀況，而有不同的應對方案，通常有以下幾種狀況：

1. 最低房價：接受所有的訂房，包括團體及個人。

2. 標準房價：接受標準房價以上的訂房要求。

3. 較高房價：接受較高房價以上的訂房需求。

4. 套房要求：只接受套房的訂房要求。

5. 特定期間完全不接受訂房。

　　訂房經理隨時要掌控訂房的狀況，尤其是特別住客名單 (Special Attention List; SPALT)，那些名單中的客人不是貴賓 (VIP)，就是有特別房務要求的客人，他們總希望能隨時給予最佳的服務。訂房經理要與業務經理經常保持聯絡，更需要預測及掌握未來一週或數週內住房及退房的狀況。訂房人員在接受訂房時，至少需要客人一些必要的資料，才算完成整個訂房程序，一個完整訂房程序需包括以下資料：

1. 預訂住房的日期。

2. 住房客人的名字。

3. 預訂哪一種類型的房間 (Single or Suite)。

4. 抵達入住房時間及退房時間。

5. 訂房完成後的確認號碼需要報給客人，或訂房確認單傳送給公司或個人。

6. 房價付款的方式，或帳單如何送給客人的方式。

7. 房價的選擇及住房計劃的選擇。

8. 對房間的特別要求（例如：非吸菸樓層、高樓層及面海或面湖的要求等）。

二、訂房時接電話的基本原則

1. 電話響起時絕不超過 3 聲。

2. 當電話響起時，請放下手邊所有工作，在第一時間接起電話。

3. 接起電話後清楚的報出問候語、旅館名、姓名。

4. 接電話時不急促，不匆忙。

5. 講話時口齒清晰明朗，絕不含糊帶過。

6. 耐心的聽完客人之問題，不隨便切斷客人說話，再給予回答。

7. 可先詢問客人之姓名，便可直接稱呼客人。

8. 清楚旅館住房的相關規定，以便清楚的回答客人的問題。

9. 請多用有禮貌的字眼，請、謝謝、對不起、不好意思。

10. 多使用「是」或「您」來回答客人。

11. 若遇到無法回答或不清楚的問題，請勿隨便答應客人或拒絕，留下客人詳細資料後，再回電給客人。

12. 最後重複一遍客人的需求及詳細資料，確定無誤後，等客人掛上電話再掛掉。

三、超額訂房 (Overbooking)

　　旅館在接受訂房時，因為考慮常有突發狀況發生，或是房客個人的行程改變，而臨時要取消已訂的房間，所以常會做超額訂房 (Over-booking) 的防範措施；所謂超額訂房，就是旅館只有 100 個房間可以出租，但卻接受了 105 個房間的預定。如果一旦客人沒有任何取消訂房，而且全部又都出現在旅館的時候，超額訂房可能會造成客人的不滿與抱怨，因此還會常發生擠不出房間的問題，甚至於要主管讓出房間給客人的狀況。但是超額訂房還是有它的必要性，因為空間成本的損失，是永遠無法彌補的，較保守的超額訂房準則如下：

　　如果平均住房記錄顯示，客人訂房後通常有 5% 的客人未出現，及 8~10% 的臨時取消訂房，超額訂房就應該設定在 13~15% 之間，為了安全穩當的原因，就再減少 5% 的空間以作緩衝，超額訂房訂於 8~10% 之間為最適當。萬一客人都出現時，也應要有事先防範的方法做預備，通常的做法是：

1. 把客人送至附近同級的旅館，或是有合作關係的旅館，旅館得負擔客人的房價，待有房間時再請客人回來。

2. 客人因故無法抵達，而又不能在規定時間（通常是 72 小時或 48 小時）之前，告知旅館取消訂房，旅館會將訂金沒收或是入帳。

　　一般訂房的來源可來自於信件、電話、中央訂房系統、旅館內客人或是旅館業務代表及特約旅行社等，最常使用訂房的工具還是電話。在一個訂房完成後，訂房員會給客人訂房的確認密碼，特別有一些較負責任的旅館，為能給客人一個入住的保證，會有訂房確認單傳送給客人，客人一般都會以信用卡來做保證訂房，如果臨時取消，一定要在旅館入住指定時間之前，通知旅館取消訂房，否則仍得要支付房價。

訂房網站

　　旅遊型態一直在改變，在現今忙碌的社會中，大致流行說走就走的旅行，航空公司也會限定推出給上班族的優惠，主打下班後隨時出國旅行的行程，此時訂房網站就會成為好幫手，為旅遊行程規劃帶來便利性，如：可選擇信用卡付費、指定時間內扣款、指定期限內免費取消訂房等服務，提供消費者有更多的時間考慮旅遊行程，彈性訂房的方式，幫助旅客克服許多困難。

　　以下整理訂房網站的優點及注意事項：

優點：

1. 有明顯的價格優勢，網站簡單易用。
2. 有提供多種折扣促銷優惠活動可供消費者選擇。
3. 費用由第三方監管，保障消費權益與避免盜刷問題。
4. 有多種語言的客服電話，降低溝通障礙。
5. 顯示的價格多為含稅價，可避免認知困擾。

注意事項：

1. 大部分需要預先付款，入住前需全額支付到訂房網站裡，必須留意是否有取消期限，或是不能取消退款。一般若是優惠價格，是不能退訂，要留意哦！
2. 網站頁面比較花俏，很容易看花眼，優惠提示信息太多，容易產生訊息混淆，要仔細看清楚。
3. 顯示的價格含稅，但是不含酒店的服務費，訂房時需留意。
4. 信用卡信息會直接發送給酒店，存在盜刷風險，若擔心也可選擇到店付款的飯店。
5. 若只預訂酒店，價格優勢不明顯。

10-3 客房餐飲服務作業

一、客房餐飲服務的定義

　　客房餐飲是飯店或旅館對住宿旅客所提供的餐飲服務。當房客因某些因素無法前往餐廳用餐時，可要求服務人員將餐食或飲料送至房客的房間內，讓旅客在房間內自由的用餐，故此類型的服務被稱之為「客房餐飲服務」(Room Service)，一般以早餐及飲料居多，午餐及晚餐也都可以提供不同的餐飲。

二、客房餐飲服務的特性

(一) 接受點餐

　　房客可以電話或填寫早餐掛單及餐飲菜單等的方式要求客房餐飲服務，通常服務人員必須提供完整的點餐服務，並能適時的介紹餐食內容。

(二) 記錄點餐

　　接受點餐後，服務人員會將客人的姓名、房號、用餐人數、餐點種類、規格、數量及送餐時間詳細地記錄，並向客人複述一遍，避免產生錯誤。

(三) 舒適自由

　　當服務人員將餐食送至客人房間時，必須先敲門，使房客保有充分隱私，用餐時也不會因服務人員在旁走動而受到干擾。服務人員通常會在供餐後 2 小時，再前往客房回收餐具及相關器具，使房客可舒適地享受美食。

(四) 節省人力

　　餐食送至客房後，服務人員只需將餐具及食物擺設妥當，就可道謝離開，不須在旁服務，除非房客傳喚，才配合服務，非常節省人力。

(五) 選擇運用

　　通常五星級飯店都會提供客房餐飲服務，而二、三星的飯店，受限於場地、設備及人力的不足，則較不常提供此類型的服務。

三、客房餐飲服務的流程

客房餐飲的服務流程，為增加效率起見，一般我們都需要一個固定的服務流程，以節省人力並同時能提升工作的效率，因此特別設計了一個完備的客房餐飲服務流程圖（參見圖 10-2），以做為客房餐飲服務工作的指標，並列出以下 7 點注意事項：

1. 接受房客以電話或掛單的方式訂餐時，應清楚記下房客的房號、姓名、餐點種類、用餐人數、數量、規格及用餐時間，並向房客複述一遍，避免產生錯誤。

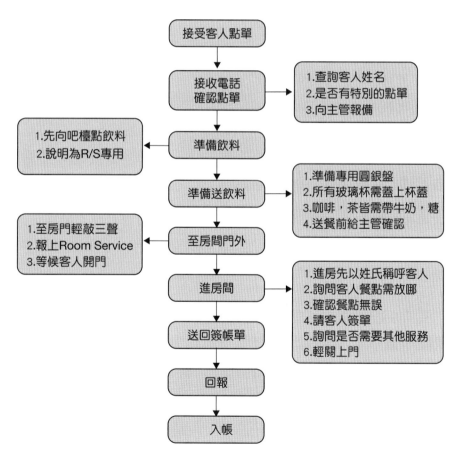

● **圖 10-2** 客房餐飲服務流程圖

2. 送餐前按照房客所點的餐食、飲料,準備好用餐時所需的餐車、加熱器、保溫蓋、托盤、餐具、布巾、調味罐及其他器皿等,並填寫妥餐具清單,以作為回收時的依據。

3. 將廚房做好的餐食,以摺疊式活動餐車或保溫及冷藏的方式儘速送至客房,運送途中要注意餐食的衛生及安全。

4. 送達客房門口時應輕敲房門或按門鈴,待客人回應後方可進入,進房後要先向客人問早道好,再表明房客所點的餐飲送到,並詢問房客的用餐位置。

5. 於房客指定的位置擺放餐具設備及食物後,請顧客簽帳,道謝後即可離開,不需在旁服務,離開時將房門輕輕關上。

6. 通常在用餐 2 小時後,服務人員再行前往收取餐具及相關物品,回收時必須核對餐具與餐具清單是否相符。

7. 如發現餐具短少或破損,應婉轉地請房客找回或賠償。無法處理時,可請單位主管協調處理。

四、客房餐飲服務的桌面擺設

在客房餐飲服務中,早、午、晚餐均有提供,所以餐具會因房客所點的種類而有不同的擺股。然而,一般以「早餐」的點選頻率較高,所以此處將針對 早餐的餐具擺設做說明。

一般早餐可分為歐陸早餐及美式早餐兩大類,其擺設如下:

(一) 歐陸早餐

1. 在座位正前方,離桌緣約 2 公分處擺放 8 吋盤,盤上放餐巾。

2. 在 8 吋盤的左側擺上小餐叉,叉齒朝上,叉柄距桌緣約 2 公分。

3. 在 8 吋盤的右側擺上小餐刀,刀口向左,刀柄距桌緣約 2 公分。

4. 在餐刀的右側擺上咖啡杯、盤及匙。

5. 擺放佐餐用的糖盅。

● 圖 10-3　歐陸早餐餐桌配置

（二）美式早餐

1. 在座位正前方，擺放餐巾。

2. 在餐巾左側擺上小餐叉，叉齒朝上，叉柄距桌緣約 2 公分。

3. 在餐巾右側擺上小餐刀，刀口向左，刀柄距桌緣約 2 公分。

4. 在餐刀右側擺上咖啡杯、盤及匙。

5. 在餐叉左側擺放麵包盤。

6. 在麵包盤左側擺放 1 支奶油刀，刀身與餐叉平行。

7. 可依需要擺放佐餐用的糖盅，如客人要求，可加胡椒罐和鹽罐等調味料。

● 圖 10-4　美式早餐餐桌配置

五、客房餐飲服務的優、缺點

（一）優點

1. 房客可享有較自由私密的用餐方式，不被外界打擾。

2. 不受限於用餐時間，可隨時點餐。

3. 不需做分菜服務，工作程序較為簡單。

4. 通常僅需一人為房客提供服務，可精簡人力。

（二）缺點

1. 餐食於運送的過程，較容易產生熱食已冷或冰凍食品已融化的現象，影響食物的品質及口感。

2. 若點餐的餐食較為複雜，須準備較多的餐具器皿時，服務人員須具備專業技巧及應對能力。

3. 若調味料、佐料短缺，需服務人員來回奔波，易造成人力及時間的浪費，也易引起房客的不悅。

4. 房客用餐時，若發生餐食、飲料掉落打翻等情況，服務人員較難清理，除留下異味外，也易滋生蚊蟲、螞蟻。

學後評量

一、前檯的功能大致可分為哪幾項？

二、行李員的工作有哪些？

三、訂房人員會因應旅館內的狀況，而有哪幾種應對方案？

四、何謂客房餐飲服務？

五、客房餐飲服務的優點有哪些？

MEMO

Chapter 11

旅館房務服務作業

　　旅館房務部門就像是飯店的心臟，對工作的品質均有嚴格的要求，每位同仁工作性質都必須能獨立作業，所以重視同仁們的「自我管理」，房務員除具備好體能，還要有良好品格操守，房務員除要喜歡清潔和服務，還要尊重客人隱私，更需讓客人有歸屬感。房務工作雖不如櫃檯接待人員光鮮亮麗，但從基層做起可以有紮實基礎，另外，房務員除清潔整理外，也需觀察、留意客人的習慣。旅館除了會提供房務員工作上的專業訓練，還會有各部門交叉訓練。房務員的工作雖以清潔為主，但也可累積許多服務客人的實務及處理突發狀況的經驗，對房務員在升遷及生涯規劃上有相當的益處。房務員雖然在旅館內的階級不高，但他們對工作的表現卻是最直接影響顧客的滿意度，所以必須提供高品質的服務來滿足顧客。

🛎 11-1　房務員職責及客房設備

一、房務員職責

　　房務清理員 (Housekeeper) 原本的定義就是一位好的管家，將家裡整理的有條不紊，為客人所津津樂道。旅館房務清潔工作的功能就是如此，不論旅館是 5 個房間或是 500 個房間，都要整理的一絲不苟，當然旅館內部有些部分並不包括在房務清潔的範圍內，例如：廚房或儲藏室等，那些工作是屬於廚房工作人員的。所謂的房務清理，當然是以跟房務相關的工作為主要核心，茲將房務清理的區域大致分成下列幾個部分，包括：客房、大廳、走廊及通道、會議室、樓梯間等。

　　房務清理部門由一個總督導直接領導，這個督導要負責的事項是很多的，不只有清潔及維修，還有員工訓練及布巾補給品的供應。各樓層巡房員監督客房清潔員的工作，客房清潔員負責根據專業程序來清掃客房，和保持每層樓的布巾儲藏櫃中，有預定數量的補給品。他們通常被分配一定數量的房間，在限定時間內要清掃完。雖然房間的數量可能變化很大，主要是由於各種房間情況的不同，例如：房間的地理位置、面積大小和清潔的規模及程度不同，但平均每一班次大約

要清理15個房間左右。在大多數的旅館，客房清潔員的責任就是清掃客房，這些責任包括：

1. 清理弄髒的布巾和毛巾，並更換新的。

2. 檢查床和毯子有無破損。

3. 整理床。

4. 清理垃圾。

5. 檢查客房有無破損器具？設備是否有損壞？水龍頭是否有滲漏？

6. 檢查壁櫥及抽屜有無客人遺忘物品。

7. 清掃客房和浴室。

8. 更換浴室毛巾和消耗品。

房務清理的工作，除了清潔之外也需要保養維修，如果能夠在適當操作的程序之下，將會使旅館的房間設施延長折舊的年限，也是對旅館的成本控制有所貢獻。因此有些工作也許跟外包清潔公司簽約，將工作交給外包公司，對旅館的成本花費可能更為經濟。例如：窗戶的清潔工作，尤其是室外窗戶的清潔，更是危險的工作，因此在保險費及專業設施的考量下，選擇外包的清潔公司也許是更為有利的。在旅館尤其是小型的旅館，房務清理部門的中樞中心就是布巾室 (Linen Room)，房務清理部門主管的辦公室，會在布巾室附近，以就近做布巾存貨控制及送洗的監督。布巾存貨一定要有一個標準的存貨量，理想的存貨量大約是全天布巾使用量的 5 倍。主要的理由是一套在房間內，一套送洗，一套放在清潔員負責樓層的櫥櫃內，一套在布巾室，以及一套在運送路途中。布巾是房務部門的重要成本，因此必須要仔細監控。一般布巾報廢的狀況有以下 4 種：

1. 正常的損壞汰舊換新。

2. 不適當的使用及損毀。

3. 洗衣房送洗以致損壞。

4. 被客人偷走。

二、客房設備

在旅館客房內，根據等級的不同，客房內的設備有很大的差別，當然這也同時反映了客人所付房價的多少，但是絕大部分的旅館客房內，一般都會提供以下的設備：

1. 鏡子。

2. 衛生紙。

3. 面紙。

4. 擦鞋布。

5. 肥皂或沐浴乳。

6. 文具、筆。

7. 洗髮乳。

8. 客房餐飲服務點菜單。

9. 衣架。

10. 請勿打擾標示。

11. 吹風機。

12. 布巾。

13. 衣物送洗袋。

14. 潤膚乳液。

15. 針線包。

16. 梳子。

2 PART

11-2 房務作業服務

一、房務部門的工作目標

旅館經營成功的關鍵要素已由地點與設施的考量，逐漸轉換成服務品質的要求，而「人」也已經成為提供組織持續生存與發展的一種競爭優勢。此外，房間是旅館最基本的產品，也是旅館主要的收入來源之一。房務作業的品質是影響旅客選擇旅館的因素之一，因此房務部門的目標有以下 4 個：

1. 提供整齊且美觀的房間與專業的服務，讓旅客有一個寧靜、舒適且安全的休息空間，是房務部的重要任務。

2. 訓練有素房務員的流動率低，房務員需求大或小，也會因飯店的星級和所在的觀光景點而有所不同，近年來因應陸客來台觀光都是團進團出，飯店業服務人員人力需求中，房務員和往年相比需增加 1~2 成，以飯店住房率不斷的提升，因此房務員的需求量當然也會自然加大，對於訓練有素的房務員不但需求大並且要求流動率低。

3. 房務原本的目標就是做一位好的管家，將客房整理的有條不紊，為客人所津津樂道。

4. 客房的清潔與整理、設備的維護、客房布巾及消耗品的管理，優良的房務員除了要具備好的體能及細膩的心思，最重要的是有良好的服務倫理。

二、房務部門組織圖及職責

（一）房務部門組織圖

房務部門在以住房為主的旅館而言，房務部門所佔的人力，幾乎是全旅館人力的三分之二，因為每個房間的清潔維護，以及公共空間的清理等，就是旅館最需求人力之所在，也難怪房務部門的服務品質，幾乎就代表了整個旅館的服務品質；在全世界絕大多數的旅館，也都是以住房為主要的訴求，所以房務部門的重要性，就無需贅言了，圖 11-1 是房務部門的組織圖。

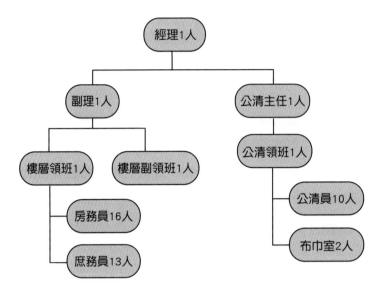

• 圖 11-1　房務部門組織圖

（二）房務部門的職責

1. 樓層領班的職責

(1) 檢查已退房房間。

(2) 檢查 VIP 房。

(3) 檢查客房公共走道。

(4) 填寫領班工作報表。

(5) 請修工程。

(6) 故障房之處理。

(7) 解除故障房。

(8) 進行盤點工作。

(9) 控制客房消耗品之庫存。

(10) 控制乾淨布巾存量。

2. 房務庶務員的職責

(1) 服務電話之接聽與傳達。

(2) 鑰匙與呼叫器管理。

(3) 核對房間狀況表。

(4) 更改電腦房間狀態。

(5) 處理冰箱飲料帳。

(6) 旅客遺留物處理作業。

(7) 處理旅客領回遺留物作業。

(8) 交接班。

(9) 更新白板記錄。

🔔 11-3 房務服務的要件

　　房務部的工作計畫會依住房的淡、旺季作有規律性計畫的安排，房務人員需定期清洗地毯、紗簾、陽臺、玻璃、燈罩、客房消毒與金屬保養等工作。旅館會依總房間數、住房率、房間坪數、打掃房間所花費時間來計算所需的人力。若以200 個房間的旅館期房務組的編制約需 28 人、管衣室 2 人、公清組 10 人總計 42人為基本的人力編制。

　　在教育訓練的部分共分為部門內部訓練、館內訓練與外部訓練三種，部門內部訓練主要是以主管帶領同仁實地操作以情境教學方式授課，每週約 1~2 次，時間約為 30 分鐘。課程內容多以房務員英語詞彙、一般禮儀（例如：招呼、問候、提供幫助…等）；而日常工作用語（例如：收拾房間、洗燙服務、整理床鋪等）。國際禮儀、客房清潔流程、備品管理、知識、技能與保養等事項。而館內訓練主要針對服裝儀容、美姿美儀與電話禮儀進行訓練。至於外部訓練多以政府單位舉辦「旅館衛生講習」，取得證照，加強衛生清潔的觀念為主。

　　房務工作粗中帶細，需要有耐心、刻苦態度，不斷學習的態度才能勝任。房務人員需不斷不斷自我成長，加強專業外語能力，例如：英語、日語，才能有升遷機會，新進的房務人員會先由主管帶領瞭解工作環境及同仁介紹，再由資深同仁帶領維持 1 星期的實習，1 星期後分配少數房間獨立試著，再由領班負責督導。在 3 個月內必須通過每階段的考核，再由人事部抽驗考核成果。

　　房務部主管會依每天的住房率去安排同仁進行打掃工作，原則上每位每天負責 13~15 間房間。VIP 級以上客房，會由領班及資深房務員負責來服務房客之特殊要求。一般普通客房，會由基層房務員負責打掃工作。每個樓層領班需負責檢查房間的清潔度，以及特殊客房是否安排妥當。

　　房務清潔員的工作效率是非常重要的，如果工作效率差，而無法達到應有的水準，就需要更紮實的訓練來改善。國內外的房務清理工作常有所謂的做床 (Make Beds) 比賽，一般標準房的情況，必須要在 30 分鐘內，完成一個房間的清潔工作，當然不同類型的房間會花費不同的時間來清理。以下是依據標準房來預測旅館需要多少位房務清潔員的計算範例：

如果該旅館可租的房間總數為 200，預測昨日住房率為 80%

預測住房率 × 總房間數

80%×200 ＝ 160

30 分鐘 ×160 ＝ 4,800 分鐘＝ 80 小時

80 小時 ÷8 ＝ 10（人）

　　房務清潔工作需要專業性並對細節而有所堅持，不能抱著馬虎行事，而房務員除清潔整理外，也要觀察及留意客人習慣性，並加以記錄作為日後服務之依據。

11-4 客房標準作業程序及整理客房的步驟

一、客房標準程序 (S.O.P.)

（一）將工作車放好

1. 將工作車放靠在房門邊之走廊上。

2. 不可完全貼在壁面，以免造成刮傷。

3. 帆布車與工作車不可並排造成通道阻塞。

（二）檢查房門

1. 先檢查房門是否打"DND"。（請勿打擾，Do Not Disturb）

2. 由門眼探視房內動靜，是否有聲音或燈光。

（三）按門鈴

1. 用手輕按門鈴兩短聲，口述 Housekeeping。

2. 「叮咚」Housekeeping、「叮咚」Housekeeping 共兩回，每次間隔約 5~10 秒，以等待客人回應。

（四）敲門

1. 敲門兩短聲。

2. 口述 Housekeeping。

3. 等待約 10 秒。

（五）稍待在門口：等候的時間不可離開房門口。

（六）如無客人前來開門，可使用 Key Card 觀察房內情況。

1. 將 Key Card 插入，拿出後觀察閃燈情況。

2. 閃紅燈表示「反鎖」。

3. 閃黃燈表示「DND」。

4. 閃綠燈即可開門。

（七）開門

1. 輕推開門約 15 公分後，口述 "Housekeeping may I come in?"。

2. 若客人由內反鎖門鏈條，則口述 "I am sorry" 後輕關上門。

3. 若客人前來開門須先行問候語：

   (1)　Good morning sir. (Good afternoon sir.)

   (2)　May I make up your room?

（八）與客人對談

◎情境一：

　　客人：Yes, come in!（房務員即可進入整理）

◎情境二：

1. 客人：No, later!

2. 房務員：Sorry sir, I will come bake later!

二、整理客房的步驟

（一）進入客房

　　以標準進入客房之程序進入客房。

（二）將電源打開

1. 將電源開啟，同時觀察客房內有無特殊狀況。

2. 測試電源是否正常。

3. 將厚窗簾打開，讓光線入內。

4. 適度打開窗戶，讓空氣對流。

5. 將空調調至規定之標準溫度。

（三）收出客衣

1. 將客衣收至服務檯。

2. 做好客衣登記。

（四）收出水杯、菸灰缸及垃圾

（五）開始整床

1. 於清好垃圾桶時，順手由工作車上帶入床單。

2. 按照標準整床程序鋪床。

（六）房內擦塵

1. 關上窗戶，開始擦塵。

2. 按照擦塵標準程序，由上而下、由右至左，逐一擦拭乾淨。

3. 用玻璃清潔劑擦拭鏡面玻璃及電視螢光幕。

（七）補充備品

按照擦塵同時記憶，一次將房間備品補齊。

（八）清洗浴室

1. 將髒布巾及垃圾收出。

2. 按照清洗浴室之標準程序將浴室清洗乾淨。

3. 補充所有浴室備品。

（九）離開房間前之檢視

定點再仔細檢視整個房間是否都已清理完畢，備品是否已都補齊、且有任何故障或是需要報修的地方。

三、工作車上的備品

1. 當日退房報表。

2. 歡迎卡。

3. 信紙、筆。

4. 雜誌。

5. 捲筒衛生紙、面紙（盒）。

6. 洗髮精、潤絲精。

7. 沐浴乳、潤膚乳液、肥皂。

8. 牙刷。

9. 浴帽、梳子。

10. 小毛巾、大毛巾、腳踏墊。

11. 免洗拖鞋。

12. 礦泉水、咖啡包、茶包。

13. 清潔用品工具。

14. 垃圾袋、針線包。

 11-5　房務部的管理

一、房務部的職責與領導

擔任房務部主管因大多為現場管理，須具備較強勢的管理風格，經常扮演「壞人」的角色管理員工，在公事上與同仁保有適當的距離，以保有無私的管理立場，但也時常鼓勵同仁，多充實專業知識與技能，才能更上一層樓。房務員除具備好體能，還要有良好品格操守，房務員工作守則第一條，即「禁止八卦」。因會接觸客人最隱私的一面，所以不論公開場合或私下都禁止談論客人，面試時主管會觀察面試者的一言一行，注意面試者的話多不多。主管在篩選時，最重要的人格特質是成熟穩重、內斂及少話，房務員除要喜歡清潔和服務，還要尊重客人隱私，更需讓客人有歸屬感。

房務工作雖不如櫃檯接待人員光鮮亮麗，但從基層做起可有紮實基礎，很多飯店管理階層都曾在房務部門實習。建議想投入飯店業的年輕人可從房務工作開始，奠定工作基礎。另外，想從事這行的人，對細節要有所堅持，例如：飯店電話、鉛筆或浴室的沐浴乳等，都有一定擺放位置，不能抱著馬虎行事的想法。工作內容除了房間例行性的清潔外，平常還要學習很多專業的清潔技術。房務員一定要

能處理各式各樣的清潔問題，例如：蠟燭的蠟油滴在地毯上要如何清除。諸如此類的問題，所以飯店都會為房務員舉行相關的課程。每年都會派 3~5 位的房務員去參加政府單位舉辦為期 2 天的衛生講習，考取證照加強衛生清潔的觀念。

房務員牢記一句話：「離開客房最後一眼，往往都是客人的第一眼」。所以最後一眼的確認非常重要。當整理完客房時，就要想像客人是否住的舒適、開心，房務員不是面對客人的第一線，所以得到客人的回饋也不如櫃檯或餐廳接待人員直接，所以要學會在工作中對自我的肯定，不是期待客人的稱讚。房務員整理完房間，都會要求他們花 30 秒到 1 分鐘，站在一個定點環視整個房間。每天早上 8 點要與房務員開晨會，除了交代當天的住房率、該注意的事項，還會帶著房務員大聲的唸出一些外國的招呼語，例如：日語的早安、午安等，要求房務員遇到客人時能主動打招呼。

房務員除清潔整理外，也需觀察、留意客人習慣。例如：房裡的礦泉水時常是空的，下次就應多準備幾瓶；或是客人睡覺習慣用 1 個枕頭，舖床時可將其他枕頭收起。遇行動不便的客人，要主動在浴室加防滑墊。另外，現在許多飯店有 3~7 天試工期，錄用者可自行瞭解是否適合房務工作。飯店除了會提供房務員工作上的專業訓練，例如：專業的清潔及外語教導的課程等，還會有各部門交叉訓練，讓房務員到其他部門見習，如此每一部門可以互相瞭解作業的模式，有助於工作上的合作與溝通，也有助於房務員未來可轉往其他部門。

個人多進修學習，可多看旅遊節目、留意報章雜誌上與飯店相關的資訊，或主動積極到其他部門見習，未來可轉往其他有興趣的部門工作。房務的工作可以長期投入，既能與生活做結合，也能將生活上對清潔的心得發揮在工作中。房務員的工作雖以清潔為主，但也可累積許多服務客人的實務及處理突發狀況的經驗，每年還會安排房務員到其他飯店觀摩學習，飯店也會提供許多相關訓練課程，如語言會話、國際禮儀等，都對房務員在升遷及生涯規劃上有益處。旅館的房務員是影響住宿旅客很重要的一環，房務員被視為組織階級最低的，但他們對工作的表現卻是最直接影響顧客的滿意度，相對其必須提供高品質的服務來滿足顧客。

二、房務的人力管理

由於房務員往往是旅館最缺乏人力的部門,主要原因為薪資低、勞動力大、工作時效性、需排班、經歷不足及條件等因素晉升機會低、福利有限,充滿壓力的工作環境,因此房務部門人力流動高,很難留住理想的人才,所以房務服務對人力的需求,必需要有一套妥善的管理機制,以下提供五項有關房務人力管理上的要件:

(一)提供良好的人事規劃制度

透過獎金制度、訓練、升遷制度來滿足員工,如此才會留任公司並提供高品質的服務,如此增加顧客滿意度及住房率,長期的顧客居留及更好的長期利潤。

(二)房務員工作量安排均勻

妥善運用人力,避免人手不足或過剩情況,而造成房間數分配不均的情況產生,降低人員流動率,可以節省新進人員之訓練成本。

(三)給予領班更多的支持與鼓勵

由於房務員工作複雜,工作分配上很難讓所有第一線房務員的工作量取得完全的平衡,加上領班本身必須視情況來加入清潔房的作業,建議給予更多的鼓勵,使其願意多付出心力在工作分配或對第一線房務員做好完善的監督,同時也可得到房務員的支持。

(四)節省公司經營成本

定期教育員工都能認知到適當的維護及保養,可以減少設備的損耗,延長使用年限,如此對公司成本的節流助益不小,同時也對房務員工自我工作重要性的肯定。

(五)創造良好口碑為目標

旅館營運的重點是在滿足客人住宿最基本的需求,旅館之房務部門,正是代表著達成這些需求的重要部門,它必須維持專業服務及體貼顧客的需求,如果能有良好的口碑,此乃房務部之最大目標;因此多鼓勵房客對房務能提供改進意見,特別對那些創造良好口碑的房務員工,一定要給予實質金錢或物質的獎勵。

學後評量

一、房務員的工作職責有哪些？

二、房務部門的工作目標有哪些？

三、客房標準程序 (S.O.P) 為何？

四、整理客房的步驟有哪些？

五、房務的人力管理有哪些要件？

MEMO

學後評量解答

Chapter **01** ✤ 餐旅產業屬性與服務特質

一、餐旅產業的屬性為何？

答　1. 生產與消費同步出現與進行。

2. 無法事先預知消費意圖。

3. 提供客製化的服務需求。

4. 勞力密集、全年無休。

5. 產品包羅萬象難以標準化。

二、餐旅從業人員應具備哪些服務特質？

答　需具備勇於接受新觀念、務實可靠、風趣健談、不屈不撓、領導能力、謹慎細心、整齊清潔、人際關係、觀察敏銳、樂觀進取、寬容、友愛及犧牲奉獻等服務特質。

三、餐旅服務品質涵蓋了哪四個重要的構面？

答　1. 可靠性。

2. 回應性。

3. 確實性。

4. 關懷性。

四、如何有效的提升餐旅服務品質？

答　餐旅服務是個需要整體團隊一起來合作，唯有團隊合作才能使員工有參與感、歸屬感、認同感，並以團隊的力量來影響每一位從業人員。以發展出一個良好的餐旅服務團隊，並有效提升服務品質。

五、為何要建立出一套完善的餐旅服務品質系統？

答　除了可有效確認顧客的需求標準及對品質的期望標準外，也可提供服務的標準作業流程、服務團隊合作支援，以及互補的方式建立起來，並做定期的追蹤檢查與回饋，便可立即挽回顧客的信心，或重建顧客對服務品質的認同。

Chapter 02 ✤ 餐飲業經營成本與財務管理

一、餐飲成本包含哪些？

答　餐飲成本是指由食品原料成本和屬於成本範圍的各種費用消耗分組而成，其中包括：主料成本、配料成本、調理成本和飲料成本。而費用則包括：人事費用、固定資產的折舊、水電與燃料的費用、餐具、用具的消耗費用、服務用品及衛生用品的消耗費用、管理費用、銷售費用及其他費用等。

二、如何有效的降低餐飲成本與費用？

答　1. 有效掌握食材進貨價格。

　　2. 建立完整的採購制度。

　　3. 建立完善驗收、庫存制度。

　　4. 建立烹調作業標準化、有效控制食品成本。

　　5. 建立完善表格制度。

　　6. 控管費用的支出。

　　7. 成本的直接性與變動性。

　　8. 對營業單位的考核。

三、餐飲成本分析標準有哪些？

答　1. 製訂餐飲成本的標準。

　　2. 制定生產作業標準。

　　3. 落實控制生產作業及流程。

　　4. 控制生產作業方法。

四、餐飲財務管理的意義為何？

答　餐飲業的財務管理，並不只是現金的出納及保管等活動，而是涉及全盤的餐飲活動。財務功能是以資本的籌集為起點，經由資本的運用獲取利潤，再做適當分配的一連串循環活動，財務管理則要想發揮財務功能必須著重規劃、執行與控制。

五、如何訂定餐飲業的目標利潤？

答　餐飲業從事利潤規劃，對於目標利潤的設定，可以參照投資報酬率法、營業資產收益率法、員工每人平均年淨利法，以及所需盈餘作為目標利潤，這 4 種方式可以單獨或調和使用。依照企業的財務規劃原則做不同的調整，其目的在持續維持營收，企業永續經營。

Chapter 03 ❖ 餐飲服務工作職責

一、餐廳組織的前勤單位及後勤單位所指為何？

答　1. 前勤單位：是指在餐廳營業場所內，直接服務客人所設立的單位。例如：外場服勤、廚房、酒吧、餐務洗滌等。

2. 後勤單位：例如：採購總務、財務、會計、人事訓練、安全警衛。服務前、中、後支援前勤單位。

二、酒吧經理的工作職掌為何？

答　「酒吧經理」也是以服務外場的顧客飲料為主的「服務經理」，但酒吧經理也要負責將酒水的存貨、採購與管理，保持在一個合理的成本控制的範圍內，「酒吧服務副理」是他的職務代理人。

三、宴會廳經理的工作職掌為何？

答　宴會廳經理是以服務到宴會廳消費的客人為主要任務，他會先與訂席客人協商「菜單」與「場地佈置」(Floor Plan)，並依客人訂席狀況，發出「集會通知」(Function Order)，並主動安排、協調與布置場地，以符合客人之需求，並且協調餐務人員準備相對的餐具種類與數量。

四、行政主廚的工作職掌為何？

答　行政主廚或可稱為「執行主廚」或「總主廚」，他專責於整個飯店全部廚房行政工作，除了制定廚房政策、作業程序與研發新菜單等工作外，同時他也要針對食材的用量與份量，進行成本控制的工作。此外各單位廚房之間人力資源的調配、工作班表的安排，以及廚房行政業務之間的協調、訓練、督導和考核等事項，都是屬於他的職責。

五、餐廳經理要如何做好員工的工作管理？

答
1. 依據員工素質、工作情形、心態情緒，配合季節及營業時間，訂定餐廳員工訓練計畫，並按期施行。
2. 遵守公司之人事有關規定，負責管理餐廳所有職工人員，瞭解各員工之工作能量、情緒及生活狀況，辦理考績、考核、獎懲、升遷及調補事宜，確使各員工儀容整潔、士氣良好，具備高水準之服務精神。
3. 建立員工工作輪休表，負責督導各員確實照表到班。

Chapter 04 ✤ 餐飲服務設備介紹

一、餐飲服務時所使推車有包含哪些？

答
1. 服務車／桌 (Gueridon Trolley, Service Trolley or Side Table)。
2. 燒烤肉切割車 (Roast Beef Wagon)。
3. 桌邊烹調車 (Flambe Trolley)。
4. 酒車 (Liqueur/Cocktail Trolley)。
5. 點心車 (Dessert Trolley)。

二、中餐的扁平餐具與用途包含哪些？

答
1. 筷子 (Chopsticks)：主要功能為夾取中式食物。
2. 筷架 (Chopsticks Rest)：主要功能為擺放筷子，有時與湯匙座連在一起。
3. 湯匙 (Soup Spoon)：主要功能為喝湯所用，尺寸約為 13 公分。
4. 湯匙架 (Soup Spoon Rest)：主要功能為擺放湯匙所用。
5. 味碟 (Sauce Dish)：主要功能為盛裝各式調味料。

三、中餐類瓷器可分為哪幾種材質？

答
1. 陶器 (Crockery)。
2. 骨瓷 (Bone China)。
3. 強化瓷 (Porcelain)。
4. 美奈皿 (Melamine)。

四、西餐類玻璃直立平底杯可分為哪些？

答　　1. 可林杯 (Collins)。

2. 高球杯 (High Ball)。

3. 古典杯 (Old Fashion)。

4. 純酒杯 (Straight Glass)。

5. 啤酒杯 (Beer Glass)。

五、中餐類玻璃材質可分為哪幾種？

答　　1. 普通玻璃 (Glass)。

2. 水晶玻璃 (Crystal Glass)。

3. 玻璃瓷 (Fritted Porcelain)。

4. 雕刻玻璃 (Sand Blast Glass)。

Chapter **05** ❖ 餐飲服務禮儀與用餐禮儀

一、餐飲服務人員個人儀容的注意事項有哪些？

答　　1. 身體：需每天洗澡，不讓身上產生異味，保持清潔乾淨的外表。

2. 口腔：需每天刷牙、注意口腔氣味，嚴禁嚼食口香糖、檳榔或吸菸。

3. 臉部：隨時保持臉部乾淨。女性應化淡妝；男性須每日刮鬍鬚。

4. 頭髮：經常梳理、保持自然髮型，不遮住額頭與臉頰。

二、餐飲服務人員服裝穿著的注意事項有哪些？

答　　1. 整體造型：不宜佩戴過多的手鐲、胸針、項鍊等裝飾物，眼鏡以透明鏡片為主，女性可佩戴耳環，大小不超過耳垂；雙手可配戴一只婚戒。

2. 制服：依照公司規定穿著、經常換洗，熨燙整齊。

3. 內衣：應以吸汗材質為主，勤於換洗，且不外露出制服外。

4. 襪子：女須穿接近膚色之絲襪。男黑色短筒襪子為主。

5. 鞋子：女黑色、低跟、舒適之包頭鞋為主。男黑色、低跟之亮面皮鞋為主。

三、餐飲服務人員敬禮的基本原則有哪些？

答　1. 男士應向女士敬禮。

2. 年幼者向年長者敬禮。

3. 資淺者向資深者敬禮。

4. 位低者向位高者敬禮。

5. 未婚女子向已婚女子敬禮。

6. 後來者向先到者敬禮。

7. 個人向團體敬禮。

四、食用時牛排燒烤的熟度可分為哪些？

答　1.Raw：全生，是未加熱處理的生肉。

2.Rare：二分熟，只燒烤表面，中間是血淋淋的生肉。

3.Medium Rare：三分熟或半生熟，內部成桃紅色有血水。

4.Medium：五分熟或半熟，外表全熟，內層粉紅略帶血。

5.Medium Well：七分熟，外表暗色，內有肉汁。

6.Well Done：全熟，外表全熟，內部暗色無汁。

五、請說明烈酒飲用禮儀。

答　國人享用中式料理時，常會飲用烈酒或白酒來助興，最常見的會是乾杯的動作，在這種敬酒禮儀互動的行為中，常會要求彼此將自己杯中酒喝完，且要讓對方看到自己的杯底，在這種情況下，必須瞭解自己的狀況，不可勉強，以免造成尷尬及失控的現象，因此「乾杯隨意，高興就好」。

Chapter 06 ❖ 餐飲服務作業與流程介紹

一、中式宴席餐飲餐前服務步驟有哪些？

答　1. 餐廳應設置接待室或服務檯，並安排服務人員。當客人到達時，協助斟茶水及存放衣帽。

2. 當宴會承辦人或主人到達會場時，負責之主管人員應趨前歡迎，並引導至活動會場，巡視其他服務人員的狀況，並待命準備開席。

3. 主人到達後，應再次詢問主人對菜單的要求，所使用之酒水及預定用餐的時間，以便確實掌控出菜速度，待宴會舉辦時間一到，即可通知開席。

二、西式宴席餐飲餐前服務步驟有哪些？

答 1. 服務人員須針對菜單內容進行餐具擺設。

2. 準備服務布巾、大小托盤及器具。

3. 將紅酒於用餐前半小時打開，使其與空氣接觸。

4. 於客人入座前 5 分鐘，將冰水倒好。

三、雞尾酒會餐飲餐前服務步驟有哪些？

答 1. 宴會開始之前，必將各式酒水及相關杯具備齊，宴會一旦開始便可立即服務與會的貴賓。一般需要準備的酒杯數量為參加人數的 3 倍。

2. 準備點用酒水的紀錄表單，可清楚記錄，供結帳用。

3. 開始服務前要請負責人清點一次，確認實際的使用量，一般計費方式有二種，一種為依實際消費來計價；另一種則以一個價格包裝，即是在一定時間內，依事先決定的酒單內容供應，無限暢飲。

四、雞尾酒會餐飲服務方式有哪些？

答 1. 將所有種類飲料盛裝一個托盤，向入場客人推薦飲用。

2. 客人入場不斷的供應飲料。

3. 等候指示用托盤收取空杯。

4. 客人開始用餐之時，隨時留意客人手中之髒盤及空杯。

5. 保持會場客人手上皆有飲料或餐食。

五、宴席餐飲服務的整體作業步驟為何？

答 1. 前置作業

2. 宴會確認

3. 合約簽定

4. 後續作業

5. 餐飲擺設

Chapter 07 ❖ 認識葡萄酒及服務流程

一、葡萄生長條件主要有哪些？

答　1. 可讓葡萄順利的發芽及成長的溫度，約在攝氏 22~25℃，過高及過低的溫度都會影響葡萄的甜分。

　　2. 葡萄的生長需要充分的陽光，以進行光合作用，產生養分。

　　3. 水分亦是不可或缺的要素之一。除了光合作用需要水分之外，枝葉在成長期同樣地需要適量水分的灌溉；成熟期則不需要太多的水分。

　　4. 土壤對葡萄酒的品質有重要的影響力。不同區域的土壤所含的養分、酸度、礦物質及顏色，都會對葡萄造成影響。

二、臺灣常見販售的紅葡萄酒品種有哪些？

答　1. 卡本內－蘇維農 (Cabernet Sauvignon)。

　　2. 梅洛 (Merlot)。

　　3. 席哈（Syrah 或 Shiraz）。

三、一般餐廳存放葡萄酒有哪幾種方式？

答　1. 使用簡單酒架來存放，並未針對溫度及溼度來控制。

　　2. 購買能控制溫度、溼度且隔離光線的酒櫃，以保存較珍貴的葡萄酒。

　　3. 較具規模的餐廳設有專門貯存的酒窖，不僅對貯存環境做良好控制，且因存放空間大，可容納多種酒類。

四、品鑑紅白酒需遵守的三個步驟為何？

答　1. 眼看：觀察不同酒類的顏色，得知葡萄酒的顏色和年紀。

　　2. 鼻聞：手中輕輕旋轉搖晃酒杯後，用鼻子聞出葡萄的香氣區別、品種及產區。

　　3. 嘴嚐：輕抿著酒在嘴中，讓酒流過口內及舌面四處，輕漱後可吞嚥下或吐掉。此時用嘴嚐出葡萄酒的味覺區別、品種、年紀與產區。

五、服務葡萄酒需注意的事項有哪些？

答　1. 紅酒的溫度應保持在室溫下約 15~18℃。

　　2. 白酒及玫瑰酒須事先冷卻，溫度應保持在 8~12℃。

3. 在服務白酒之前可先置於冰桶內，冰桶盛裝 1/2 冰塊及水，事先冷卻 15 分鐘。

4. 服務白酒冰桶上面用乾淨疊好的服務巾蓋著，然後拿進餐廳。

5. 服務白酒時不可一次倒 1/2 滿，大約 1/3 的份量以免酒不冰影響口感。

6. 服務香檳時的動作是兩次，先倒大約酒杯容量的 1/3，待泡沫消失時，再倒滿至七分滿。

7. 隨時注視餐桌上的酒杯，若客人沒有酒或剩下 1/3 時，需主動前往倒酒。

8. 倒酒時，酒瓶的酒不可完全倒完，以免倒出沉澱物。

Chapter 08 ✢ 旅館業經營基本認識

一、請說明特種旅館 (Special Hotel) 有哪些及用途？

答　1. 賭場旅館 (Casino Hotel)：如美國拉斯維加斯及澳門之賭場旅館

2. 會議型旅館 (Conference Hotel)：如國際會議中心附設，或在大型展示中心週邊之旅館。

3. 帕拉多 (Parador)：係指將有歷史價值之建築改建為旅館，此種古蹟旅館收費甚貴。

4. 快艇旅館 (Yachtel)：係指一種遊艇旅館或可提供住宿的俱樂部。

5. 水上旅館 (Water Chart)：係指建立在海灘上獨棟型的度假休閒旅館，該種旅館以東南亞居多。

二、客房的種類有哪些？

答　1. 單人房 (Single Room)。

2. 雙人房 (Twin Room)。

3. 三人房 (Triple Room)。

4. 連接房 (Connecting Room)。

5. 和室房 (Japanese Room)。

三、套房的種類有哪些？

答 　1. 準套房 (Standard Suite)。

　　2. 豪華套房 (Deluxe Suite)。

　　3. 商務套房 (Executive Suite)。

　　4. 特殊套房 (Special Suite)。

　　5. 總統套房 (Presidential Suite)。

四、我國旅館評鑑中「建築設備」評鑑項目有哪幾類？

答 　1. 整體環境。

　　2. 公共設施。

　　3. 客房設施。

　　4. 衛浴間設備。

　　5. 清潔維護。

　　6. 安全設施。

　　7. 綠建築環保設施。

五、旅館等級劃分的目的為何？

答 　標準化、市場化、保護消費者、收益的產生、控制品質。

Chapter 09 ❖ 旅館組織與管理

一、旅館組織可劃分為哪些部門？

答 　1. 客房部門 (Room Department)。

　　2. 餐飲部門 (Food & Beverage Department)。

　　3. 人力資源部門 (Human Resource Department)。

　　4. 行銷業務部門 (Sales & Marketing Department)。

　　5. 財務會計部門 (Accounting Department)。

　　6. 工程部門 (Engineering Department)。

二、如何打造有效率的旅館管理團隊？

答　旅館工作是要靠團隊的合作狀況來決定效率與成功，但除了團隊領導者個人本身的能力外，一群好的團隊成員才是最重要的資產。團隊成員要能有效率的發揮工作成果，需有 3 種不同類型的技巧：專業工作、解決問題及決策的技巧，如果團隊成員中都沒有上述三種技巧，則團隊的效率就不會出色，因此，團隊成員的組合是成功與否的關鍵。

三、選擇一家最適當的管理公司有哪些考慮因素？

答　1. 管理費用的金額。

2. 市場拓展的能力。

3. 幫助融資的能力。

4. 經營的效率。

5. 合約條件及條款的彈性。

四、何謂國際連鎖旅館合作中所謂的特許加盟？

答　所謂的特許加盟是將自己的旅館，加入旅館連鎖集團成為會員，利用連鎖旅館集團的名字，以及他們所提供的服務。但是另一方面，也要付出連鎖加盟的費用 (Franchise Fee)。另外在旅館的連鎖加盟中，有些旅館雖然也是加入成為集團會員，使用該集團所提供的訂房系統及服務，但並不使用連鎖加盟集團的名字，稱之為入會 (Affiliation)。

五、支付特許加盟費用的方式有哪幾種？

答　1. 每月支付固定費用。

2. 每月固定費用加上使用訂房系統所應付的佣金（依房間數來計算）。

3. 依據房間收入的比例，或每月權利金再加上訂房服務費。

4. 依據旅館總收入的比例，或每月權利金再加上訂房服務費。

5. 依據總房間數，支付固定費用。

6. 依據租出去的房間數，支付固定費用。

Chapter 10 ✤ 旅館客務服務作業

一、前檯的功能大致可分為哪幾項？

答　1. 接待 (Reception)。

2. 行李服務 (Bell Service)。

3. 鑰匙、信件及訊息傳遞 (Key, mail & Information)。

4. 門房服務 (Concierge)。

5. 出納及夜間稽核 (Cashiers & Night Auditors)。

二、行李員的工作有哪些？

答　行李員的工作，就是替客人拿行李至客人房間，可以稱得上是旅館的親善大使，一個訓練有素有經驗的行李員，甚至可以感覺出客人的心情。除了介紹旅館的設施外，對於房間內空調及電視的調整，如有必要，也都應該示範讓客人知道該如何操作，以給客人一個好的印象。

三、訂房人員會因應旅館內的狀況，而有哪幾種應對方案？

答　1. 最低房價：接受所有的訂房，包括團體及個人。

2. 標準房價：接受標準房價以上的訂房要求。

3. 較高房價：接受較高房價以上的訂房需求。

4. 套房要求：只接受套房的訂房要求。

5. 特定期間完全不接受訂房。

四、何謂客房餐飲服務？

答　客房餐飲是飯店或旅館對住宿旅客所提供的餐飲服務。當房客因某些因素無法前往餐廳用餐時，可要求服務人員將餐食或飲料送至房客的房間內，讓旅客在房間內自由的用餐，故此類型的服務被稱之為「客房餐飲服務」(Room Service)，一般以早餐及飲料居多，午餐及晚餐也都可以提供不同的餐飲。

五、客房餐飲服務的優點有哪些？

答　1. 房客可享有較自由私密的用餐方式，不被外界打擾。

2. 不受限於用餐時間，可隨時點餐。

3. 不需做分菜服務，工作程序較為簡單。

4. 通常僅需一人為房客提供服務，可精簡人力。

Chapter **11** ❖ 旅館房務服務作業

一、房務員的工作職責有哪些？

答 1. 清理弄髒的布巾和毛巾，並更換新的。

2. 檢查床和毯子有無破損。

3. 整理床。

4. 清理垃圾。

5. 檢查客房有無破損器具？設備是否有損壞？水龍頭是否有滲漏？

6. 檢查壁櫥及抽屜有無客人遺忘物品。

7. 清掃客房和浴室。

8. 更換浴室毛巾和消耗品。

二、房務部門的工作目標有哪些？

答 1. 提供整齊且美觀的房間與專業的服務，讓旅客有一個寧靜、舒適且安全的休息空間，是房務部的重要任務。

2. 訓練有素房務員的流動率低，房務員需求大或小，也會因飯店的星級和所在的觀光景點而有所不同，近年來因應陸客來台觀光都是團進團出，飯店業服務人員人力需求中，房務員和往年相比需增加 1~2 成，以飯店住房率不斷的提升，因此房務員的需求量當然也會自然加大，對於訓練有素的房務員不但需求大並且要求流動率低。

3. 房務原本的目標就是做一位好的管家，將客房整理的有條不紊，為客人所津津樂道。

4. 客房的清潔與整理、設備的維護、客房布巾及消耗品的管理，優良的房務員除了要具備好的體能及細膩的心思，最重要的是有良好的服務倫理。

三、客房標準程序 (S.O.P) 為何？

答　1. 將工作車放好。

2. 檢查房門。

3. 按門鈴。

4. 敲門。

5. 稍待在門口：等候的時間不可離開房門口。

6. 如無客人前來開門，可使用 KEY CARD 觀察房內情況。

7. 開門。

8. 與客人對談。

四、整理客房的步驟有哪些？

答　1. 進入客房。

2. 將電源打開。

3. 收出客衣。

4. 收出水杯、菸灰缸及垃圾。

5. 開始整床。

6. 房內擦塵。

7. 補充備品。

8. 清洗浴室。

9. 離開房間前之檢視。

五、房務的人力管理有哪些要件？

答　1. 提供良好的人事規劃制度。

2. 房務員工作量安排均勻。

3. 給予領班更多的支持與鼓勵。

4. 節省公司經營成本。

5. 創造良好口碑為目標。

New Wun Ching Developmental Publishing Co., Ltd.

New Age · New Choice · The Best Selected Educational Publications — NEW WCDP

新文京開發出版股份有限公司

NEW
WCDP

新世紀・新視野・新文京 ─ 精選教科書・考試用書・專業參考書